U0886276

岳麓書社

读名著　选岳麓

轻松阅读无障碍

# 了凡四训

胡国浩 导读 注译

岳麓書社·长沙

**图书在版编目(CIP)数据**

了凡四训;附袁氏家训　朱子家训/胡国浩导读、注译. —长沙:岳麓书社,2021.3

ISBN 978-7-5538-1406-3

Ⅰ.①了…　Ⅱ.①胡…　Ⅲ.①家庭道德—中国—明代②《了凡四训》—注释③《了凡四训》—译文　Ⅳ.①B823.1

中国版本图书馆 CIP 数据核字(2020)第 194616 号

LIAOFAN SI XUN

**了凡四训**

导读注译:胡国浩

责任编辑:李郑龙

责任校对:舒　舍

封面设计:罗志义

岳麓书社出版发行

地址:湖南省长沙市爱民路 47 号

直销电话:0731-88804152　0731-88885616

邮编:410006

版次:2021 年 3 月第 1 版

印次:2021 年 3 月第 1 次印刷

开本:700mm×1000mm　1/16

印张:11.5

字数:166 千字

ISBN 978-7-5538-1406-3

定价:20.00 元

承印:长沙鸿发印务实业有限公司

如有印装质量问题,请与本社印务部联系

电话:0731-88884129

# 前　言

袁了凡（1533—1606），明朝人，初名表，后改名黄，字庆远，初号学海，后改为了凡。了凡先生是浙江嘉善人，出身书香门第，世以行医为业。其父袁仁为当地名医，笃信佛法，好读书，家中藏书多达两万余卷。袁了凡十三岁时，父亲去世，其藏书大多交付了凡保管。因此，他得以博览群书，少时就显露出卓异之才。

了凡先生兄弟共五人，父亲亡故后，全家依靠母亲李氏辛苦维持。本来李氏打算让了凡学医养家，结果了凡因偶遇卜者孔先生而走上了读书做官之路。了凡先生后经云谷禅师点化而信奉佛法，矢志钻研立命之学。万历十四年（1586），他考中进士，曾担任宝坻知县。因政绩突出，被升为兵部职方司主事。当时明军与倭寇在朝鲜作战，了凡先生以"军前赞画"随军出征。他足智多谋，指挥得当，明军多次打败倭寇。因与主帅李如松意见相左，后罢归乡里，一心著书立说。

《了凡四训》一书为了凡先生六十九岁时编订，由《立命之学》《改过之法》《积善之方》《谦德之效》四部分组成。他编写此书的目的是教育自己的儿子，故初取名"训子文"。在书中，了凡先生以第一人称口吻，讲述了自己改变命运的过程。他综合自己毕生所学，融通儒释道三家思想，并结合自身经历及众多真实案例，来告诫世人命运其实掌握在自己手中，有志者应当奋发向上，努力为善，积极改变命运。其中，《立命之学》为了凡先生罢官后所作，篇名原为"立命篇"。此文基本上是了凡先生一生的自述，主要讲述了他的家世、求学经过、改命历程以及为官处世之法，一定程度上可以视作《了凡四训》一书的大纲。

《改过之法》和《积善之方》是了凡先生中年时，求子之愿圆满后所作，曾收入《祈嗣真诠》一书。《改过之法》原名为"科第全凭阴德"，内容主要是讲如何分辨、改正过错。《积善之方》则主要以实际事例介绍行善的种类以及效验。《谦德之效》原名为"谦虚利中"，主要讲培养谦虚冲退的品德对考取功名的重要性。在万历三十五年（1607），已有人把《立命篇》《积善之方》《谦德之效》三篇文章合刊出版，并附录了云谷禅师所作的"功过格"。

直到崇祯年间，四篇文章才合为一书，到了清初，《丹桂籍》将此四篇文章合刊，是为《袁了凡先生四训》。

考察此书的传播历史我们发现，在明朝，万历年间的刊本产生的影响最大。此版本由于附录了“功过格”，对善恶奖惩做了清晰的量化评估，既简单易行，又符合一般大众求取福报的心理，故而风靡一时。甚至到后来，所附录的“功过格”的影响反而超过了《了凡四训》。虽然当时效法了凡先生的人很多，但是水平却参差不齐，清初的佛教居士彭际清曾说：“了凡既殁百有余年，而功过格盛传于世。世之欲善者，虑无不知效法了凡。然求如了凡之真诚恳至，由浅既深，未数数也。”大多数人只是泛泛而为，并没有深入学习其精髓。

了凡先生可谓“誉也功过格，毁也功过格”。明末清初的思想家，如刘宗周、黄宗羲等对袁了凡宣扬功过格的举措，批评十分猛烈。在《人谱·自序》中，刘宗周批评道：

> 友人有示予以袁了凡功过格者，予读而疑之。了凡自言尝授旨云谷老人，及其一生转移果报，皆取之功过，凿凿不爽。信有之乎？予窃以为病于道也。子曰：“道不远人。人之为道而远人，不可以为道。”今之言道者，高之或沦于虚无，以为语性，而非性也。卑之或出于功利，以为语命，而非命也。非性非命，非人也，则皆远人以为道者也。然二者同出异名，而功利之惑人为甚。
>
> 老氏以虚言道，佛氏以无言道，其说最高妙，虽吾儒亦视以为不及。乃其意主于了生死，其要归之自私自利。故太上有《感应篇》，佛氏亦多言因果。大抵从生死起见，而动援虚无以设教，猥云功行，实恣邪妄，与吾儒惠迪从逆之旨霄壤。是虚无之说，正功利之尤者也。了凡学儒者也，而笃信因果，辄以身示法，亦不必实有是事。传染至今，遂为度世津梁，则所关于道术晦明之故，有非浅鲜者。

刘氏认为功过格对学者追求正道有妨害，原因有二：第一，启人贪求功利之心，人若为了功名富贵、子孙昌盛而为善履道，则去道甚远。第二，释老所宣扬的因果报应主旨在于“了生脱死”，终究虚无缥缈无济于事。而且，功利与虚无互为表里，学者多以追求虚无渺茫的来生福报为目的，离儒家所说的“道不远人”相距甚远。刘宗周对功过格的批评是很切中时弊的。为了克服这些缺陷，他在《人谱》中发明了一种“记过格”，即只教人记录所犯过错，而不记录善行。他认为，“言过不言功，以远利也”。虽然明知功利之心有害于道，但刘氏在宣传《人谱》时也不得不指出，学者若遵照自己的办法，照样可以建功立业：“将驯是而至于圣人之域，功崇业广，又何疑乎？”总的来看，刘宗周的确看到了功过格的弊端，但没能跳出其窠臼。[1]

笔者认为，功过格产生流弊的责任，主要应由当时的书商或无聊文人负责，毕竟袁了凡先生本人并没有收录它，更没有将其推崇到无以复加的地位。就书论书，《了凡四训》虽然在思想渊源上与宋以后民间广为流传的劝善之书，如《太上感应篇》《文昌帝君阴骘文》等相似，后世也多将其视为“善书”一类；但严格来说，两者有很大不同。民间善书多以仙佛口吻劝化世人，大肆宣扬生硬的“因果祸福”故事，带有非常强烈的功利目的。而《了凡四训》则以真实人物的亲身经历为依据，以程朱理学、陆王心学为基础，以儒家“五经”、佛教空宗（禅宗）为印证，对世间种种善恶是非条分缕析，并从现象上升到理论，其深度非“因果”故事所能比。

《了凡四训》本是一部家训，问世后很快就流传开来，风靡一时。它在明清两代甚至民国，都产生了巨大的影响。历代文化名人，对此书倍加推崇。晚清名臣曾国藩在年轻时曾致力于道德修养，他读了《了凡四训》后，发现自己身上有众多过恶，激愤之下就将名字改为“涤生”。“涤者，取涤其旧染之污也；生者，取明袁了凡之言，‘从前种种，譬如昨日死；从后种种，譬如今日生也’。”《了凡四训》也被他列为子侄必读之书。而民国时期的革命巨子孙中山、文化名人李叔同（弘一法师）、佛学大师印光等人，莫不深受此书影响。

《了凡四训》一书还走出国门，在东邻日本备受推崇。日本著名的企业家，两家世界五百强公司的缔造者稻盛和夫先生就对本书赞誉有加。与通常企业管理者一味追求利润最大化不同，稻盛和夫认为企业管理涵盖了生活态度、人生哲学、文化思想、道德伦理观等多种人格要素。他认为现代企业只重视员工的专业技能，忽略了道德规范和伦理标准，故导致社会各界丑闻频发。他建议领导者的选拔要德在才先。在《活法》一书中，稻盛和夫就引用袁了凡的例子，来说明“命运掌握在自己手中”。在他的管理哲学中，有一

[1] 对功过格批评的多种说法参见赵园：《〈人谱〉与儒家道德伦理秩序的建构》，河北学刊，第26卷第1期，2006年1月。

条关键原则就是，要让员工明白“命运不是宿命，能够通过因果报应的法则而改变”，如此才能最大限度激发员工的创造精神和工作活力。

作为一本四百多年前的小书，《了凡四训》之所以有如此强大的生命力，其原因大致有以下几点：一、中国人历来重视家教，良好的家风、家训，是维持家族绵延兴旺的重要精神纽带。《了凡四训》一书，记录了父亲对儿子的谆谆教诲，情感真挚动人。内容由浅入深，简洁明了而不失典雅宏深，能够满足各阶层人士的需求，故能长期受大众的喜爱。二、此书原文虽只有一万余字，但内容相当丰富。会通儒释道三家思想，旁及诸子百家、程朱理学、陆王心学……集中国优秀传统文化于一体。可谓言简意长，耐人寻味，令人久读不厌。三、与一般著作不同，《了凡四训》还是一部人生智慧之书，其中的观点大多是了凡先生亲身实践后所得。读者可以把它当成一部行动指南，亲自检验、体悟其中所讲道理。四、明清时期的正统思想——程朱理学，一味拔高仁义道德，忽视人对财富、名誉、地位的追求。了凡先生认为，追求功名富贵是人的本能，只要用正当的手段谋求，并不妨碍德性的修养。而且，提升道德水准，更有利于追求功名富贵，两者并不矛盾。

为方便当代读者更好地了解和学习《了凡四训》，弘扬中国优良传统文化，本次出版对该书进行了注释和翻译。注释力求精准，不做繁琐考据，译文简洁，力求流畅。

本书所附录的《袁氏家训》，是袁了凡兄弟五人记载父母言传身教的回忆录。阅读此文，我们很明显发现《了凡四训》与其有明显的承接关系。了凡先生的父亲袁仁为谦谦君子，且佛学素养深厚；母亲李氏温婉贤淑，坚韧自强。儒家所提倡的忠恕、仁爱、克己等品德，他自幼就耳濡目染。其日后所作所为，也一本少时父母的教诲。通过阅读《袁氏家训》，将更有助于我们了解了凡先生思想的渊源脉络，从而更好地学习立命自新之学。

《袁氏家训》为笔者编订，原名“庭帏杂录”，全书本有二十卷，经倭寇之乱，只残存两卷。后由袁仁女婿钱晓将其整理成《庭帏杂录》一书。通过此书，我们可以发现，了凡先生的成长除了受云谷禅师影响外，其家教也有着重要作用。《袁氏家训》内容上可与《了凡四训》相互印证，对我们深入了解了凡先生的思想及其家风家教，有重要参考价值。由于是残稿，本书在内容上较为驳杂。为方便读者阅读，笔者将其中“家训”内容单独选出，分为“父教”“母教”两部分以成是文。浅陋之处，尚望方家指正。

# 凡 例

一、本书以嘉庆丙子《袁了凡先生四训》为底本，参考目前通行本，按照文义重新分段，并标点。

二、《袁氏家训》以《丛书集成初编》所收《庭帏杂录》为底本。

三、本书是面向传统文化爱好者，故注释从简，不做繁琐考证。

四、本书译文力求准确、流畅，原文所无，但暗含其义者，亦酌情加译。

# 目 录

## 壹 立命之学

## 贰 改过之法



## 叁 积善之方

## 肆 谦德之效



## 附录一 袁氏家训



## 附录二 朱子家训

# 壹 立命之学

## 导读

《了凡四训》是袁了凡对儿子的教诲之言。与一般家训订立家规、严词申斥不同，了凡先生从自己生平说起，文辞谦和、循循善诱，以自己的亲身经历劝勉后人改过向善，努力成为圣贤。这种平易近人、入情入理的现身说法，对普罗大众，无疑具有强大的感召力。

首篇《立命之学》，是了凡先生晚年所作，可视为其一生修行经验的总结。在此文中，他叙说了自己平生经历，提出“命由我作，福自己求”的核心观点。了凡先生一生可以分为三个阶段。第一阶段：相信孔先生的预言，笃信宿命，认为人的命运是先天既定无法变更的，只能逆来顺受。第二阶段：遭遇云谷禅师，听受“改命”之理，认识到命运既有先天成分，也有后天因素。人只要奋发图强，努力为善，命运是可以改变的。第三阶段：坚持做功过格，先后完成三千善行、万件善功；求官得官，求子得子，求长寿得长寿，彻底改变了命运。

在最后，他告诫儿子袁俨（字天启），听天由命之说是世俗之论，君子志士应当有更高的追求。做人要时时刻刻保持警惕，不可耽于逸乐。人在顺境中要居安思危，常常反省自身错误，这样才能不断进步，道德和功业才能有所成就。

# 弃学从医

**余童年丧父，老母命弃举业[1]学医，谓可以养生[2]，可以济人，且习一艺[3]以成名，尔父夙心[4]也。**

注释

1 举业：指科举考试。明代科举考试，主要以《四书》《五经》等儒家经典为主。

2 养生：此处“养生”有维持生计、颐养德性两层含义。古人认为“医乃仁术”，行医不仅能够为人治疗疾病，还可以此培养自己的仁爱之心，从身体和德性两方面保养生命。

3 艺：才能，技能。

4 夙心：一直以来就有的心愿；平素的心愿。

译文

在我童年的时候，父亲便去世了。老母亲让我放弃科考的学业而学习医术，她说学医可以维持生计、颐养德性，可以救治病人，并且通过学习一种技能而成名，也是你父亲平素的心愿。

解析

了凡先生出身于书香世家，家有藏书两万余卷。父亲袁仁“博极群书”，精通医术，对儒学、佛学均有很高的造诣。袁仁对了凡早年的影响极大。他曾教育儿子：“士之品有三，志于道德者为上，志于功名者次之，志于富贵者为下。”

了凡先生十三岁时，父亲病危，其临终前，将两万多册藏书托付给了凡。了凡兄弟共五人，了凡排行第四。父亲走后，生活重担全压在了母亲李氏一人肩上。为了养家糊口，李氏不得不让自幼聪慧、博览群书的了凡弃文从医。了凡先生的父亲、哥哥都精通医术，为当地名医，家族中通医理者众多，他学习医术，条件可谓得天独厚。其实，李氏对了凡先生的教诲，与了凡父亲生前对孩子的教导十分相似：“不如教习六德六艺，做个好人。医可济人，最能重德。”

中国古代有“不为良相，便为良医”的说法。北宋名臣范仲淹，从小胸怀大志，以救世济民为己任。当范仲淹还是穷书生时，有一天，他到庙里抽签算卦。他抽了一支签，问解签人：“我将来能做宰相吗？”解签人说不能。他又问道：“那我能做个好医生吗？”回答还是不能。于是范仲淹叹气说：“两样都不能，我将来如何实现自己的抱负呢！”

旁边的人对此感到很奇怪，就问他：“堂堂男儿，想立志做宰相，不难理解。可是，你为何又想做个医生呢？志向是不是小了点儿？”范仲淹告诉他说：“我关心的哪是这些！能为天下百姓谋福利，莫过于当宰相。就算做不了宰相，能以自己所学造福苍生，莫过于做医生。做个好医生，对内可以疗治父母的疾病，对外可以救治天下苍生，可谓利益无穷啊！”听完这番话，解签人感叹道：“你有如此仁爱之心，日后定能成为真宰相！”

## “慈云”奇遇

**后余在慈云寺，遇一老者，修髯伟貌[1]，飘飘若仙，余敬礼[2]之。语余曰：“子仕路[3]中人也，明年即进学[4]，何不读书？”**

**余告以故，并叩老者姓氏里居[5]。曰：“吾姓孔，云南人也。得邵子皇极数[6]正传，数[7]该传汝。”**

**余引之归，告母。**

**母曰：“善待之。”**

**试其数，纤悉[8]皆验。余遂启读书之念，谋之表兄沈称，言：“郁海谷先生，在沈友夫家开馆，我送汝寄学[9]甚便。”**

**余遂礼郁为师。**

**注释**

1 修髯：修，长；髯，两颊处的胡子。伟貌：卓异不凡的相貌；此处“伟”应理解为卓异不凡。

2 敬礼：敬，恭敬；礼，以礼相待。

3 仕路：读书做官之路，也可引申为官场。

4 进学：科举制度中，普通学子考入府、州、县学，成为生员，叫作“进学”，即“中秀才”。

5 里居：里，家乡故里；居，居住之处。

6 邵子：即邵雍，字尧夫，北宋著名理学家、诗人。少有大志，喜刻苦读书并游历天下，学《河图》《洛书》与易学，著有《皇极经世书》。皇极，指大中至正的治国之道。此书是一部运用易理推究宇宙起源、自然演化和社会历史变迁的著作。皇极数：即《皇极经世书》中所包含的象数推理法则，后世算命之人为抬高身价，常依附此书。

7 数：命中注定。

8 纤悉：细致而详尽。

9 寄学：本指在州县官学就学的外地士人。此处，了凡先生打算去外地读书，想寄宿在学馆。

## 译文

后来我在慈云寺遇到一位老先生，长须飘飘，相貌卓异不凡，好似神仙一般。我对他很恭敬，以礼相待。他对我说："你是要做官的人，第二年就可考中秀才，为何不读书呢？"

我便对他诉说了原委，并询问老者的姓氏和家乡故里。他说："我姓孔，是云南人，曾得邵雍皇极术数的正宗传承。命中注定该向你传授此学。"

于是，我把他接到家里，并将此事告诉了母亲。

母亲说："好好招待孔先生。"

我试了一下他的测算，细致而详尽，都非常灵验。于是我就萌发了读书的念头。与表兄沈称商量，他说："郁海谷先生在沈友夫家开设学馆，我送你过去寄宿在那儿，上学很方便。"

于是，我就礼拜郁先生为师。

## 解析

原本，了凡先生很可能像父、祖一样成为一名悬壶济世的医生。然而，命运却不可预期。他在十五岁那年，于慈云寺偶遇异人孔先生，从此人生出现了新的道路，或者说转回了原来的道路——读书做官。

学而优则仕，是中国古代社会的传统。所谓"书中自有颜如玉，书中自有黄金屋"，通过读书求取功名富贵，是古代读书人梦寐以求的事。少年时期已经才华横溢的了凡先生，应该是很想走仕宦之路的。他听了孔先生的话后，估计颇为心动，不然，也不会特意把孔先生领回家见母亲。

在传统社会，非常重视母教，孟母三迁、岳母刺字的故事代有流传。了凡先生的母亲李氏是一位吃苦耐劳、通情达理的女性。了凡虽然不能参加科考，但并未放弃读书，母亲对他的督导也从未有所放松。其弟袁衮曾回忆："我和四哥夜晚读书，母亲在一旁做针线活陪伴，有时一直要到深夜。四哥晚上经常长坐看书，有时到凌晨一点多才睡，等我们都睡了，母亲才去休息。”

既然儿子平时读书如此用功，又加上孔先生近乎神奇的测算，了凡的母亲最终同意了他读书做官的想法。在表兄的帮助下，了凡先生终于正式开始了求学之路。

值得一提的是，《了凡四训》讨论的一个重要问题就是：人的命运是能改变的吗？而对此进行探究的前提是：人生是有既定命运的。只有存在命运，才能讨论是否能改变。对此，不同的人有着不同的答案。乐观自信的年轻人，多相信“我命由我不由天”，认为命运掌握在自己的手中；而饱经世故的老人，则更倾向“到老始知非力取，三分人事七分天”。

正因为命运难以捉摸，人们才发明了种种方法去预测命运。中国人在预测方面，可以说成果丰硕。现存最早的汉字——甲骨文，就是专门用来记录占卜的；而讨论命运吉凶的《易经》，是儒家重要的经典。就连不语“怪力乱神”的孔夫子，也十分喜欢研究《易经》，还说：“若多给我几年时间学习《易经》，那我就不会犯大的过错了。”圣人尚且如此，普通人醉心于探究命运，也就不足为奇了。

## 预测终生

**孔为余起数[1]：县考童生[2]，当十四名；府考[3]七十一名，提学考[4]第九名。明年赴考，三处名数皆合。复为卜终身休咎[5]，言：某年考[6]第几名，某年当补廪[7]，某年当贡[8]，贡后某年，当选四川一大尹[9]，在任三年半，即宜告归。五十三岁八月十四日丑时，当终于正寝[10]，惜无子。余备录而谨记之。**

注释

1 起数：算命时占卜起始的术语，也叫“起课”。例如以方位、时间要素，按照占卜原理转换为干支或六爻，进而推算其中对未来的征兆。孔先生自称习皇极数，所用应该是干支法，即以生辰八字等时间要素推算。

2 县考童生：考取生员（秀才）的第一阶段，一般在二月举行。县考即县试，其程序十分严格，由县官主持，儒学署教官监考。考前，考生要填写个人履历，同时填写曾祖父母、祖父母、父母三代存殁履历，过继的人要写本人亲生父母三代。考生每五人为一组，互相写保证书，并请廪生担保，其内容主要有：(1) 无替考，履历真实；(2) 作弊者五人连坐；(3) 身家清白，非娼优、皂吏之子孙，本人亦未犯案、操贱业。考试内容主要是《四书》《五经》，诗、赋、策、论等。童生：根据明代史书记载，只有通过了县试、府试两场考核的学子才能被称作童生，成为童生方有资格参加院试，成绩佼佼者才能成为秀才。

3 府考：县考通过后进行由知府主持的府试，通常在四月举行，府试通过后就可参加院试。

4 提学考：提学是“提督学政”的简称，是古代专门负责文化教育的高级地方行政官，最早出现在宋代。提学考又称院试，是进学的最后环节。各地考生在县或府里参加考试，由省里的提督学政主持，考取者称生员，俗称秀才或相公。

5 休咎：吉凶。

6 年考：即岁考，明代提学每年对秀才举行的考试，按照成绩进行奖励或处罚。

7 补廪：补选为廪生。院试合格后，考生成为秀才。此后还要考试两次，成绩优秀者，由政府发放钱、米，补助生活。明代前期，每人月给廪米六斗，清代则每月发放银四两。

8 当贡：当成为贡生。贡生：政府挑选府、州、县生员中成绩或资格优异者，升入京师的国子监读书，称为贡生。

9 大尹：明代称知县为大尹。

10 正寝：房屋的正厅或正屋，即通常所说的“堂屋”。

## 译文

孔先生为我测算命数：县考童生，当是第十四名；府试当是第七十一名，提学院试当是第九名。第二年参加考试，三处的排名皆跟预测相符合。孔先生又为我卜算一生的吉凶祸福，说：某年考第几名，某年当增补为廪生，某年当成为贡士，之后某年被选为四川一个地方的知县，在任三年半，然后就辞官还乡。五十三岁八月十四日丑时，当寿终正寝，可惜没有子嗣。我把这些都记录下来，谨记于心。

## 解析

在文学作品和影视剧中，我们经常看到酸秀才、穷秀才的形象。然而，通过孔先生的预测，我们发现，士子要考中秀才是很不容易的，须通过层层选拔，难度比今天的高考有过之而无不及。古代考科举，不知有多少人倒在秀才考试中，像鲁迅笔下的孔乙己，终生只是个童生。学子一旦走上科举之路，就意味着放弃其他营生，“两耳不闻窗外事，一心只读圣贤书”，风险极大。

不过，高风险也意味着高回报，士子只要考上了秀才，与普通人相比，境况就大不一样。首先，中秀才意味着身份的提升，能获得崇高的社会地位，受人尊重。与现在的学历不同，秀才还是一种“功名”。例如，秀才见县令可以不跪，可以担任基层“公务员”，或开馆收徒，为人师表，等等。其次，秀才有机会获得增廪资格，享受国家财政补贴，这笔收入之丰厚，足以养家糊口，无生活之忧。再者，中秀才即意味着正式踏上了读书做官之路，以后可以参加乡试、会试等考试，光宗耀祖、齐家治国的梦想似乎不再那么遥不可及。

李氏之所以不想让儿子参加科举考试，或许是担心风险太大，儿子以后难以维持生计。而孔先生的测算可谓相当详尽，时间、结果都讲得清清楚楚，明明白白，不能不让人心动。预算的结果显示，了凡先生将来的考试会相当顺利，而且还能做到县令。此后，实践证明，了凡先生的运气确实很好，第二年连过三关，一举考取了秀才的功名。根据《袁氏家训》记载，了凡先生科考的初步成功，为弟弟袁衮树立了榜样，母亲李氏也颇为欣慰，她鼓励袁衮向哥哥学习，勤加努力。而袁衮也不负母、兄厚爱，几年后也中了秀才。看来，孔先生的预测对袁家兄弟命运的改变，的确发生了微妙的作用。

## 神算无遗

**自此以后，凡遇考校，其名数先后，皆不出孔公所悬定[1]者。独算余食廪米九十一石五斗当出贡[2]。及食米七十一石，屠宗师[3]即批准补贡，余窃疑[4]之。后果为署印[5]杨公所驳，直至丁卯年，殷秋溟宗师见余场中备卷，叹曰：“五策即五篇奏议也[6]，岂可使博洽淹贯[7]之儒，老于窗下乎？”遂依县申文[8]准贡，连前食米计之，实九十一石五斗也。余因此益信[9]进退有命，迟速有时，澹然无求矣。**

**注释**

1 悬定：预定。
2 出贡：由廪生升为贡生。
3 宗师：明代对提学的尊称。

4 窃疑：暗自怀疑。

5 署印：代理官职称署印，此处指代理提学职务。

6 策：科举考试的一种文体，类似于现在的问答题。奏议：是古代臣子上奏皇帝文书的统称。奏议重在析事明理，加强公文的说服力、震慑力和感召力。

7 博洽淹贯：博洽，指学识广博；淹贯，指学问广泛且精深。

8 申文：行文呈报。

9 益信：更加相信。

## 译文

从此以后，凡是碰到考试，我所考名次先后，都不出孔先生预先所算定的。唯独算我做廪生时应领的米粮，领到九十一石五斗的时候才能升为贡生。而等我吃到七十一石米的时候，提学屠大人就批准我补了贡生。于是，我私下怀疑孔先生所预测的是否不灵了。后来，果然被另一位代理的提学杨公驳回，不准补贡。直到丁卯年（1567），殷秋溟提学看到我在考场中的备选试卷，慨叹道："这本卷子所作的五篇策文，竟然像臣子给皇帝上书的奏议，怎能让知识广博、学问精深的人埋没至老呢？"于是殷大人依照县里的公文呈报，准我补了贡生。经过此番周折，我又多吃了一段时间的廪米，算上之前所吃的七十一石，总共是九十一石五斗。于是，我就更加相信一个人功名的迟速、仕途的进退，都是命中注定的。我从此就清心寡欲，无所妄求了。

## 解析

人的一生，有着太多的不确定。我们很难确定自己的人生会经历什么，更无法探知未来的路究竟通往何方。人类为了摆脱这种不确定性带来的迷茫和惶恐，发明出种种预测未来的技能：塔罗、占星术、算卦……希望以此窥视命运的底牌，获得心灵上的慰藉。这就好比考生在考试前看了答案，上考场后不再紧张一样。

然而，不确定正是人生的魅力所在。因为不确定，生活才有种种可能，也才有了希望。一旦预知了未来，希望也就随之消散，一切仿佛命中注定难以更改。于是，人就很容易陷入一种无可奈何而安之若命的消极状态中。

通常，算命先生为了不露破绽，其结论多用一些模糊语言并夹杂一些不痛不痒的话。例如，清代有三个士子一同进京赶考，路遇一位算命先生，三人禁不住好奇，就算了一卦。算命先生算完并没有说话，而是伸出了一根手指。三人请算命先生开示，而他却摇着头说："天机不可泄露，诸位以后自然明白。"事后，三人中有两人高中，只有一人落榜。落榜的人感叹："唉，看来之前算的卦真是灵验，算命先生不说破，是照顾我的面子啊。"另一人说："不对，我现在算明白了，不管咱们考得怎样，他都不会错。要是咱们三个都考中了，那就可以说是'一齐考中'；如果都不中，那就是'一个都不中'；只考中一个，那就是'一人得中'。现在仁兄你没考中，那不就是'一人不中'吗？"说完，三个人哈哈大笑，以后再也不算命了。

但是，了凡先生遇到的这位孔先生可不是"江湖骗子"，他的推算结果细致入微，数字、日期都讲得清清楚楚，不能不让人心动。了凡先生自幼受正统儒家思想教育，不轻易迷信"怪力乱神"，一开始并没有完全相信孔先生所言，而是在日常生活中去逐一验证。一遇到与现实不符之处，他立即起了疑心。可是随着补贡一事由不可能而变为可能，原本纯属意外的事也被孔先生算定，了凡先生对他的预测不得不表示佩服。从此便妄念顿消，大有一切听命运安排之势。

## 初逢佛法

**贡入燕都[1]，留京一年，终日静坐，不阅文字。己巳归，游南雍[2]，未入监[3]，先访云谷会禅师[4]于栖霞山中，对坐一室，凡三昼夜不瞑目。**

**云谷问曰："凡人所以不得作圣者，只为妄念[5]相缠耳。汝坐三日，不见起一妄念，何也？"**

**余曰："吾为孔先生算定，荣辱生死，皆有定数，即要妄想，亦无可妄想。"**

注释

1 燕都：北京。明朝有南京、北京两都城。明太祖朱元璋定都南京，明成祖朱棣后迁都北京，同时保留南京首都地位。因北京所在地为古时的燕国，因此，明朝人多以燕都、燕京称呼北京。

2 南雍：明代称设在南京的国子监为"南雍"，设在北京的国子监为"北雍"。雍，即辟雍，为古代设立的高等学府。

3 监：国子监。明清时期，国家设立的最高学府和教育管理机构，又称"太学""国学"。

4 云谷会禅师：云谷禅师，浙江人，俗姓怀，出家的法名为"法会"，又号"云谷"。他幼年出家为僧，初修习天台止观，后参禅有悟，勤苦修行，终成一代高僧。

5 妄念：妄想的别称。此为佛教术语，指以虚妄颠倒之心分别事物之相状。由于执着而无法如实了解事物，遂产生谬误之分别，称妄想分别。

## 译文

我成为贡生后，就到北京的国子监读书。在留京的一年里，我终日静坐，不阅读文籍。己巳年（1569）返归故里，又到南京国子监游学。还没入国子监，我就先到栖霞山拜访了云谷会禅师。我与禅师二人对坐一室，总共三天三夜，连眼睛都没闭一下。

云谷禅师问我："普通人之所以不能成为圣贤，只是因为心被妄念缠缚。你静坐三日，不曾见起一妄念，这是为什么呢？"

我回答道："我的一生已经被孔先生算得清清楚楚，荣辱生死，都由命运决定。即便想生妄想，也没有什么可想的了。"

## 解析

云谷禅师苦修多年，是得道高僧，故能内心清净，不受七情六欲的干扰。了凡先生只是个凡夫俗子，他竟然和高僧一样能做到"心如止水"，确实令云谷禅师惊讶。两者看似相同，其实有霄壤之别。了凡先生看似内心波澜不惊，其实是对未来不抱任何希望而产生的"灰心"。因为灰心丧气，对世界丝毫不感兴趣，所以才不会胡思乱想，这是典型的消极无为的表现。而禅宗提倡的明心见性，不仅要人看破红尘，六根清净，还要开显心性大用，呈现一片活泼的生机，凭此才能救度众生。这就是《六祖坛经》所说的："何期自性，本自清净；何期自性，本不生灭；何期自性，本自具足；何期自性，本无动摇；何期自性，能生万法。"禅宗这种鲜活的心灵状态，与世俗所说的"消极"大不相同。

科举时代，学子在最高学府国子监求学，为的是好好学习，争取以后考取功名。而了凡先生因知道自己命中不能考中举人，故认为学了也白学。整日不看书、不写字，只是静坐度日而已。受父亲的影响，了凡先生自幼喜好静坐，而且对佛教很有好感。到南京后，他还没入学就先去拜访云谷禅师。可见，此时的袁了凡对世事已经没什么兴趣了，大有听天由命之态。

不过，同样是听天由命，有的人终日沉湎于歌舞酒色，有的人醉心于诗词歌赋，有的人喜爱游山玩水……而了凡先生所喜爱的，是淡泊名利、清静无为。从气质上来看，他透着一股清高之气，与流俗大不相同。所谓"君子独善其身”，在孤独寂寞中仍能保持操守，不胡作非为，也非常人可及。

## 当头棒喝

**云谷笑曰：“我待汝是豪杰，原来只是凡夫。”**

**问其故，曰：“人未能无心[1]，终为阴阳[2]所缚，安得无数？但惟凡人有数。极善之人，数固拘他不定；极恶之人，数亦拘他不定。汝二十年来，被他算定，不曾转动一毫，岂非是凡夫？”**

**余问曰：“然则数可逃[3]乎？”**

**曰：“命由我作，福自己求。《诗》《书》所称，的[4]为明训。我教典[5]中说‘求富贵得富贵，求男女得男女，求长寿得长寿’。夫妄语乃释迦大戒，诸佛菩萨，岂诳语[6]欺人？”**

注释

1 心：此处指妄心。

2 阴阳：古人把宇宙万事万物概括为“阴”“阳”两个对立的范畴，并以双方变化的原理来说明世界的运动变化法则。此处阴阳指世间的造化之理。

3 逃：逃避，摆脱。

4 的：的确。

5 教典：佛教经典。后文所引经文出自《药师经》。

6 诳语：骗人的话，此处为说假话骗人。

译文

云谷禅师笑道：“我把你当作豪杰对待，原来你是个凡夫俗子。”

我向禅师问询缘由，他说：“凡人未能消除妄心，始终被阴阳气数所束缚，怎能说命运没有定数呢？但也只有普通人才被命数束缚。极善的人，命数固然无法拘束他；极恶的人，命数也无法拘束他。你二十年来，都被孔先生算定，命运不曾有丝毫转变，难道不是凡夫俗子吗？”

我问禅师：“如此说来，人可以摆脱命数的束缚吗？”

禅师回答：“命运在自己所为，福气靠自己追求。《诗》《书》中所讲的道理，的确是明白的训诫。我们佛教的经典里说'求富贵就得到富贵；求男孩就得到男孩，求女孩就得到女孩；求长寿就得到长寿'。妄语是佛教大戒，诸佛菩萨难道会说假话骗人吗？

解析

云谷禅师认为，人如果不能消除心中的妄想尘劳，命运就很难改变，从这个角度看，一个人的命运可以说是有既定轨道的。"善"与"恶"是影响命运发展的两个重要因素。例如，作恶多端、罪大恶极之人，虽然生来贫困，但通过打家劫舍，干种种违法勾当，却可能享受荣华富贵；或者本应该颐养天年，却因犯罪而被杀戮，早早丧命。由于恶人不走"寻常路"，故其命运有较大变数。反之，一个人努力行善，积累了好名声和人缘，做事情往往能得到更多人的帮助，其事业也自然较普通人顺利。总之，要想改变命运，就得打破现状，积极追求变化方可。

云谷禅师认为人的命运掌握在自己手中，命运并非一成不变。一个人行为的善恶，能直接影响命运的发展。改变命运的第一步，就是要了解改变命运的道理。

在佛经中，有求什么得什么的记载，佛教宣称，只要是合理的愿望，诸佛菩萨都能保佑信众如愿以偿。受到鼓舞的信众为了求得身体健康、学业进步、工作顺利……纷纷到寺庙里烧香磕头，敬奉香花果品。然而，在众多求神拜佛者里，能如愿以偿的又有几人呢？我们不禁要问：求神拜佛真的有用吗？如果没用，是为什么？如果有用，那又是为什么？要解答这些疑问，首先要弄明白佛教所说的"许愿"，到底指的是什么。

## 从心做起

**余进曰："孟子言：'求则得之'[1]，是求在我者也。道德仁义可以力求，功名富贵，如何求得？"**

**云谷曰："孟子之言不错，汝自错解耳。汝不见六祖[2]说：'一切福田[3]，不离方寸[4]；从心而觅，感无不通。'[5]求在我，不独得道德仁义，亦得功名富贵。**

**内外双得，是求有益于得也。若不反躬内省[6]，而徒[7]向外驰求，则求之有道，而得之有命矣，内外双失，故无益。”**

## 注释

1 语出《孟子·告子上》：“仁义礼智，非由外铄我也，我固有之也，弗思耳矣。故曰：‘求则得之，舍则失之。’”意思是：仁义礼智这些品质，不是由外部给予的，而是人本来就具有的，只是普通人平时不去探索发掘罢了。一经探求，便会得到；一旦放弃，则会失掉。

2 六祖：即唐代禅宗六祖惠能大师，他提倡“直指人心，见性成佛”的顿教法门，其言论思想主要见于《坛经》一书。

3 福田：佛教宣扬世人若能勤修供养、布施贫苦、积德修善，便可获得福报，好比农夫平日耕耘农田，秋收丰厚一般。

4 方寸：本指一寸见方的心部，引申为人的内心。

5 云谷禅师所引六祖之言，目前各版《坛经》均无记载。不过，《坛经》中有与其意思相近的话：“惠能启和尚，弟子自心，常生智慧，不离自性，即是福田。”佛教宣称“万法唯心”，物质世界不过是心识的变现，因此世间的一切功德福报其实都离不开自己的内心，人只有真正明心见性，才能感召种种善果。

6 躬：亲自。内省：从内心反省自己的思想和言行。

7 徒：只，一味的。

## 译文

我进一步问道：“孟子说：‘一经探求，便会得到’，这是说道德仁义是人能求于自己的。道德仁义，这些人内心本有的品质，是可以通过自身的努力获得；而功名富贵一类的身外之物，如何追求得到呢？”

云谷禅师回答说：“孟子的话没说错，是你自己理解错了。你没见六祖曾说：‘一切福田，离不开自心；从内心追寻，没有什么不能感通的。’求于自心，不仅能寻求到内在的道德仁义，而且还能寻求到外在的功名富贵。内外双得，这样的求取，是有利于得的。如果不回过头来反省自己的思想和言行，而只向外奔走追求，即使用正当的手段求取，但其所得与否，则是要靠命运决定了。这样只能内外双失，因此没有什么益处。”

## 解析

对于云谷禅师所讲的改命理论，了凡先生提出了自己的见解。他认为，虽然儒家经典也宣称人能够改变命运，求得愿望实现，但与佛教不同的是，儒家所说的主要是仁义道德等精神方面的改变，而不是具体的功名富贵。了凡先生所引孟子的原话是："求则得之，舍则失之，是求有益于得也，求在我者也。求之有道，得之有命，是求无益于得也，求在外者也。"意思是说：追求它就能得到，舍弃它就会失去（指仁义道德），这样寻求就有益于得到，是因为所寻求的东西本来就是我所拥有的。寻求它有方法，得到它靠命运（指功名富贵）；这样的追求无益于得到，因为所追求的东西是身外之物。

孟子提倡"人性本善"，认为仁义道德都是人天生就有的品质，靠自我的努力，就一定能追求到。而功名富贵，属于身外之物，虽然努力追求，但能否得到则要靠命运了。这与孔子所讲的"生死有命，富贵在天"是一个道理。因此，儒家总是教人"尽人事，听天命"。

而云谷禅师从佛教的角度，对儒家的命运观做了进一步阐发。佛教认为"万法唯心"，一切精神和物质皆由"心"造，追求仁义道德和功名富贵都不离此心。人有什么样的"心"，就会有什么样的行为，作恶感召恶果，行善感召善果。所以，佛教教人"但从心觅，莫向外求"。

这也就回答了上一节我们对许愿的质疑，所谓的求神拜佛，最终求的、拜的还是自己的内心。如何从内心获得想要的东西呢？答案只有四个字——反躬内省，即要反省自己的言行，检点自己的心念，使心灵更加纯洁光明。只有这样，我们才能努力行善，进而感召善果。求神拜佛灵与不灵，则要看个人的实际行动。

## 福薄之相

**因问："孔公算汝终身若何？"**

**余以实告。**

**云谷曰："汝自揣[1]应得科第否？应生子否？"**

**余追省[2]良久，曰："不应也。科第中人，类有福相，余福薄，又不能积功累[3]行，以基厚福；兼不耐烦剧[4]，不能容人；时或以才智盖人，直心直行，轻言妄谈。凡此皆薄福之相也，岂宜科第哉！**

## 注释

1 揣：揣测，估量。

2 追省：追想，回忆。

3 累：通“缧”，原意为束缚，此处引申为“约束”。

4 烦剧：此处指繁重的事务。

## 译文

云谷禅师于是问道：“孔先生测算你一生的运势如何？”

我便如实相告。

云谷禅师问我：“你自己估量一下，你应该得功名吗？应该有子嗣吗？”

我回想了好久，答道：“不应该。科举能考中功名的人，大多都有福相。我是福薄之人，又不能通过积累功德，约束自己的行为而培植深厚福报的根基；加之我对繁重的事务没有耐心，度量狭窄又不能容人；有时以聪明才智压人，率性而为，随口胡说。这些都是福薄之相，怎能适合考取功名呢！

## 解析

云谷禅师对了凡先生讲明改变命运的道理后，就开始指导他分析自身存在的问题。老子说“知人者智，自知者明”，人能清醒认识自己是很明智的。但一般人通常自以为是，往往“不识庐山真面目，只缘身在此山中”，很难认识到自己的问题。了凡先生对自己的问题如此清楚，可见他是有一定“自省”功夫的。

他发觉自己主要有以下几种问题。第一，先天福报不足，后天又不能通过积功累德来培植。了凡先生认为，一个人是否有福，可以从日常行为中看出来。佛法说“相由心生”，了凡先生由于被孔先生算定一生祸福，从而对人生没什么追求，平日一个人焚香静坐，很少过问世事。因此，消极度日，不能振作有为，是他面临的首要问题。第二，做事嫌麻烦，度量狭窄。由于了凡先生无心于世事，一旦有事情要解决，难免心生厌烦；而以烦躁之心处世，对人对事，自然就难以包容了。第三，自恃聪明以压人。“文人相轻，自古已然”，凡是才子，大多都好跟别人争个高下，谁也不服谁。从本质上讲，这是傲慢的表现。第四，说话直来直去，想到哪儿就说到哪儿。在中国社会，自古以来都提倡“沉默是金”，话说多了容易祸从口出；“君子戒多言，多言多败”，做事情如果话太多，则容易失败。

了凡先生认为，以上问题是自己科考不能高中的原因。以现代人的眼光看，这些问题与科名之间，似乎都没什么直接关联。受形式逻辑的影响，现代人思考问题主要是“对症施治”，有问题就要找出对应的直接原因。比如，考试不顺利，就要想老师讲的有没有弄懂，平时有没有专心复习，作业是否认真完成……而在了凡先生所处的时代，人们一般认为人的“考运”，是由天上的神明如“文曲星君”“文昌帝君”等主宰，如果考生的德行有亏，神明就会削减其福报，从而难以高中。反之，如果考生积功累德，就会增加福报，考中的概率也会大为提升。

总之，人心与天道相互影响，是《了凡四训》的一条重要指导思想；改变命运，其实就是要改变自心。

## 无子之因

**“地之秽者多生物，水之清者常无鱼；余好洁，宜无子者一。和气能育万物，余善怒，宜无子者二。爱为生生[1]之本，忍为不育之根；余矜惜名节，常不能舍己救人，宜无子者三。多言耗气，宜无子者四。喜饮铄精[2]，宜无子者五。好彻夜长坐，而不知葆元毓神[3]，宜无子者六。其余过恶尚多，不能悉数。”**

**注释**

1 生生：不断地生长、繁衍。

2 铄精：消损精神。

3 葆元毓神：葆通“保”，保养元气；毓，培育精神。

**译文**

“污秽的土地上往往有众多的生命繁衍，清澈的水中却常常没有游鱼；我喜好高洁，这应该是我没有子嗣的第一个原因。和气能化育万物，而我易发怒，这应该是我没有子嗣的第二个原因。仁爱是万物不断繁衍的本源，残忍是破坏生育的根本；我只顾惜自己的名誉与节操，而不能舍己救人，这应该是我没有子嗣的第三个原因。多说话而损耗精气，这应该是我没有子嗣的第四个原因。喜欢喝酒而消损精神，这应该是我没有子嗣的第五个原因。爱好整夜长坐，而不知道保养元气、培育精神，这应该是我没有子嗣的第六个原因。剩下的错误还有很多，不能一一列举细说。”

解析

按照孔先生的预测，了凡先生至少能当个县令，总算还有些官运。可是，命里没有子嗣，却更为“悲惨”。古人认为“不孝有三，无后为大”，传宗接代，延续香火，是古代男子的头等大事。故了凡先生对此逐条做了梳理，其义有三：第一，为人清高，不合群。此处的“好洁”，有版本翻译为“爱好清洁”。如果一个人爱干净就生不出孩子，岂非笑话？“水至清则无鱼，人至察则无徒”，说的是人太过精明，对别人要求太过严苛，就很难有朋友。如果能降低标准，与大众相合，生生之气自然就会聚拢。

第二，独善其身而不能舍己为人。了凡先生为人清高，不问世事，乍一看，这似乎也算不上什么过错。然而，按照儒家的道德标准，“见义不为，无勇也”。害怕惹麻烦，看着身边的人陷于困境而不施以援手，或者任由朋友的错误发展而不予以批评指正，都是“麻木不仁”的表现。一个人做好事，有时难免被别人误会而有损名声，如果为了保护一己之名誉而见义不为，那就容易沦为自私自利之流。从小事中看出大问题，了凡先生的反省的确十分深刻。

第三，精、气、神消耗过多。按照传统养生思想，精、气、神为人体的“三宝”。“精”指的是构成人体生命组织的精华。了凡先生认为饮酒过量致使身体受损，不利于生子，这是与现代医学相符合的。“气”此处指“元气”，是构成生命的基本元素，也是促进生命成长的主要能量。多说话易使心绪纷乱，杂念丛生，不利于元气的凝结。元气不充盈，身体就衰弱不强健，故道家有“气聚则生，气散则死”的说法。“神”是指人的精神状态，也是人体各种活动的精神主宰。了凡先生经常熬夜长坐，作息没有规律，所谓“得神者昌，失神者亡”，无精打采自然也不利于生育。

了凡先生从做人和养生两方面剖析了自己乏子的问题，找出了诸多过错。乍一看，都是常人易犯的小毛病，似乎不太严重；可是各种问题积累到一起，影响非小，这就要引起重视了。

# 昨死今生

**云谷曰："岂惟科第哉！世间享千金之产者，定是千金人物；享百金之产者，定是百金人物；应饿死者，定是饿死人物。天不过因材而笃[1]，几曾加纤毫意思？即如生子，有百世之德者，定有百世子孙保[2]之；有十世之德者，定有十世子孙保之；有三世、二世之德者，定有三世、二世子孙保之；其斩[3]焉无后者，德至薄也。**

**"汝今既知非，将向来不发科第，及不生子之相，尽情改刷；务要积德，务要包荒[4]，务要和爱，务要惜精神。从前种种，譬如昨日死；从后种种，譬如今日生。此义理再生之身。**

## 注释

1 因材而笃：笃，对待。语出《中庸》："故天之生物，必因其材而笃焉。"意思是：上天生养万物，必定根据它们的资质而对待它们。

2 保：延续，维持。

3 斩：断绝。

4 包荒：包，包容；荒，荒秽。此处指度量宽大。

## 译文

云谷禅师说道："岂止是考取功名需要福报！世间享有千金家产的人，必定是有千金之命的人物；享有百金家产的人，必定是有百金之命的人物；即便是应该饿死的人，也必定是有饿死的命的人物。上天不过是根据人们的资质而分别对待他们，何曾添加自己丝毫的意愿呢？就像传宗接代一事，享有百世福德的人，其宗族必定有百世的子孙来延续；享有十世福德的人，其宗族必定有十世的子孙来延续；享有三世、二世福德的人，其宗族也必定有二世、三世的子孙来延续；而那些香火断绝没有后代的人，也是由于福德极薄的缘故。

"你现在既然已认识到错误，那就要将从前一贯不得功名及不能生子的"陋相"，尽力改正洗刷；今后做人务必要积累德行，务必要宽宏大度，务必要和善友爱，务必要珍惜精神。从前的一切，好比在昨日已经消亡了；此后的一切，好比在今日刚刚诞生。这就是行为和真理相应而再造的生命。

解析

了凡先生找出自身存在的问题后，云谷禅师就进一步向他开示了命运造化之理。他认为，一个人所享受的财富，是由自己的天资决定的。上天只是按照每个人的资质差别，进行分配罢了，并不曾对谁有偏爱或厌恶。一个家族能否子孙兴旺，也同样如此。

按照佛法的解释，人的命运是“无主宰，非自然”。无主宰是说，世上并没有造物主，也没有一个神或佛能直接决定人的命运。然而，人的命运虽不是由外部创造，但也不是没有来由，自然形成的。佛教认为业力决定了人的命运。宽泛来讲，业就是指我们言语、行为、思想的总和，业可分为善、恶、无记（非善非恶）三种。众生造作的业对生命有一种推动力，称为“业力”。根据所做业属性的不同，这股力量会使人遭遇不同的命运，即通常说的“善有善报，恶有恶报”。

佛教的因果报应理论，正是建立在业力学说之上。按照“三世因果”的说法，我们过去世所做的业，造成了今生的命运；我们当下的行为，又决定了未来的命运。既然命运是由我们所造的业决定的，那么要想改变命运，就要从改变自身行为入手，争取多做善业，少做或不做恶业。对自身的错误，须反其道而行之：今后做人务必要积累德行，务必要宽宏大度，务必要和善友爱，务必要珍惜精神。

总之一句话：跟过去一刀两断，重新做人。

## 自求多福

**“夫血肉之身，尚然有数；义理之身，岂不能格天[1]？《太甲》曰：‘天作孽[2]，犹可违；自作孽，不可活。’[3]《诗》云：‘永言配命[4]，自求多福。’孔先生算汝不登科第，不生子者，此天作之孽，犹可得而违。汝今扩充德性，力行善事，多积阴德，此自己所作之福也，安得而不受享乎？《易》为君子谋，趋吉避凶。若言天命有常，吉何可趋，凶何可避？开章第一义，便说‘积善之家，必有余庆’，汝信得及[5]否？”**

**余信其言，拜而受教。因将往日之罪，佛前尽情发露[6]。为疏[7]一通，先求**

**登科；暂行善事三千条，以报天地祖宗之德。**

## 注释

1 格天：格，感通。以至诚之心与上天相感通。

2 天作孽：本指上天降下种种自然灾害，后引申为先天注定的不幸。

3 引自《尚书·太甲》。太甲是商朝第四位国君，继位之初，由贤臣伊尹辅政。起初，太甲一味享乐，暴虐百姓，朝政昏乱。伊尹虽百般规劝，他都听不进去，伊尹只好将他放逐到商汤（商人祖先）墓地附近的桐宫（今河南省商丘市虞城县北），让他反省，自己摄政当国。太甲在桐宫三年，悔过自责，伊尹又将他迎回亳都（今商丘谷熟镇），还政于他。重新当政的太甲能修德，诸侯都归顺商王，百姓得以安宁。

4 永言配命：常思虑自己的行为是否合乎天理。

5 信得及：能够相信。

6 发露：佛教忏悔的首要步骤，信徒在佛前坦白自己所犯的过错。

7 疏：僧道拜忏时所焚化的祝告文。

## 译文

“人的血肉之躯，尚且有定数；义理之身（即行为和真理相应而再造的生命），难道不能感通上天吗?《太甲》说：‘上天降下的灾害还可以逃避，自己造的罪孽则可无处可逃。’《诗经》也说：‘常思虑自己的行为是否合乎天理，以追求幸福的生活。’孔先生算你考不中功名，没有子嗣，这都是上天注定的不幸，尚且能够改变。你如今只要扩充道德品性，努力做善事，多积累阴德，这就是自己所做的福报，又怎能享受不到呢?《易经》是为君子谋划的，帮助他们追求吉利，避开灾祸。如果说天命是恒常不变的，那么吉利如何追求，灾祸又如何避开呢？因此，《易经》开篇便说‘修善积德的家族，必然有更多的福泽’你能够相信吗?”

我对云谷禅师的教诲深表信服，向他礼拜并接受教诲。于是把以往种种过错，在佛前毫无隐瞒地全部坦白。在所写祝告文中，先求考取功名；我发誓做三千件善事，用以报答天地祖宗的恩德。

## 解析

云谷禅师将人遵从正理而为，获得新生的身体，称为“义理之身”。血肉之身是由父母所赐，生老病死有一定规律，难以更改；此义理之身由人的主观意志建构，与天理相契合，是能够把握的。他引用儒家经典，将人的命运细分为“天作”与“人作”两种。上天既定的不幸，通过后天的努力，仍是可以改变的。

“《易》为君子谋”，是宋代理学家张载的名言，意思是说道德高尚的君子，可以通过《易经》占卜而预测吉凶祸福。《易经》素有“群经之首”的称号，历史上共有三部：夏代的《连山》、商代的《归藏》、周代的《周易》，并称为“三易”，目前只有《周易》流传下来。“易”有“变易”“不易”两层含义，变易是指人类种种活动纷纭变化，不易是指变化背后所蕴含的阴阳消长之理是恒常不变的。《易经》是探讨人事变化发展的一本书。它以阴阳思想为指导，以六十四卦为纲领，建立了一套独特的占卜体系。古代，凡是遇到内政大事、军事战争、祭祀活动等，君主都要进行占卜预测。它的作用就是帮助君子在做事情时预料吉凶，从而趋利避害，完成要做的事业。

儒家所说的“天道”“天命”，可以理解为《易经》所包含的“变易”之理。云谷禅师举《易经》的例子，无非是想让了凡先生明白，没有一成不变的天命。这与科学唯物主义提倡的事物总是处在变化发展中的道理是相一致的。既然了凡先生已经从孔先生那里知道了命运，如何才能趋利避害呢?《易经》给出的答案是：“积善之家必有余庆，积不善之家必有余殃。”与佛教的因果思想相似，儒家仍是劝人要积德行善，改过自新。

云谷禅师不仅德行深厚，而且学问广博，旁征博引，循循善诱，所言有理有据，不能不令人信服。了凡先生听后大受感动，表示自己愿意改过自新，将所犯过恶在佛前虔诚忏悔，并发愿求取功名，愿做三千件善事报天地祖宗之恩。此举一扫之前消极待命、浑浑噩噩的态度，整个人再次振作起来。

## 改过自新

**云谷出功过格[1]示余，令所行之事，逐日登记：善则记数，恶则退除。且教持准提咒[2]，以期必验。**

**语余曰：“符箓[3]家有云：‘不会书符，被鬼神笑。’此有秘传，只是不动念也。执笔书符，先把万缘放下，一尘不起。从此念头不动处，下一点，谓之混**

**沌开基[4]。由此而一笔挥成，更无思虑，此符便灵。**

## 注释

1 功过格：古人逐日记录行为善恶以自勉自省的簿册。
2 准提咒：准提菩萨所说真言，据佛经记载，准提菩萨具大慈悲，所说真言功德广大，若有持诵者，当得种种利益。
3 符箓：符箓是符和箓的合称，为道士通过书写符文用以召神劾鬼的常用之物。
4 混沌开基：道教内丹派修炼的一种境界，此处指画符时元气混融，始有萌动的状态。

## 译文

云谷禅师拿出功过格给我看，他指示我将每天所做的事登记在上面：做了善事就增加数字，做了错事就抵消减去。并且教我持诵准提真言，期望必定应验。

他对我讲："道教的符箓一派有种说法：'不会画符，会被鬼神嘲笑。'这里面有秘诀流传，只是做到心念不动而已。拿起笔画符时，先把心里的种种杂念都放下，一点念头都不生起。就在这无思无虑的刹那，落笔书一点，称为'混沌开基'。由此一笔画成，中间没有杂念掺杂，那么这道符就会十分灵验。

## 解析

功过格原是道教中流行的一种记录言行善恶的小册子。道教认为，人若要修炼成仙，必须要去恶为善，功行圆满方可。晋代葛洪所作《抱朴子》中称："人欲地仙，当立三百善；欲天仙，立千二百善。若有千一百九十九善，而忽复中行一恶，则尽失前善，乃当复更起善数耳。故善不在大，恶不在小也。"此后，道教中专有记录功过的簿册，如《太微仙君功过格·序》称："明书日月，自记功过，一月一小比，一年一大比，自知功过多寡。"这种记录善恶的方法，后经宋儒推广，逐渐流行。到了明代，云谷禅师将此法授予袁了凡，后经了凡先生大力提倡，风行一时。

除功过格外，云谷禅师还传授给了凡先生准提真言。准提真言是唐密中非常重要的一个法门，按照经典记载，人若能一心持诵此真言可以现世获得大利益。因为与人的现实生活密切相关，准提法门从唐代开始就一直在佛门和民间广为流传。如何才能修持有验呢？云谷禅师举了道士画符的例子，他认为只有在无思无虑、心地清净时，所画的符才灵验。同样，如此念诵准提真言，人们自然也会如愿以偿。

按照唐密的说法，诸佛菩萨曾发大誓愿救度众生，真言就是誓愿的凝结。信众在虔诚念诵时，如果能与诸佛菩萨的誓愿相互感应，便能感得种种福报。而众生大多心浮气躁，思虑纷纭，一时难与诸佛菩萨清净法流相交融。所以，必须要调整到心如止水，方能契入圣贤之心，这样念诵真言才会有效果。

从表面上看，向诸佛菩萨求官求财是很功利的行为，而一旦深入其中，信众可能就会不自觉地融入清净的状态中。用凡夫俗子喜欢的东西来吸引他，然后再把他带入圣洁的境界，这就是《维摩诘经》所讲的："先以欲勾牵，后令入佛智。"同样，云谷禅师以"功名""子嗣"劝了凡先生，也是为了吸引他进入圣贤之门。

## 无思无虑

**"凡祈天立命，都要从无思无虑处感格[1]。孟子论立命之学，而曰'夭寿不贰'[2]。夫夭寿，至贰者也。当其不动念时，孰为夭，孰为寿？细分之，丰歉不贰，然后可立贫富之命；穷通不贰，然后可立贵贱之命；夭寿不贰，然后可立生死之命。人生世间，惟死生为重，曰夭寿，则一切顺逆皆该[3]之矣。**

**"至修身以俟之，乃积德祈天之事。曰修，则身有过恶，皆当治而去之；曰俟，则一毫觊觎[4]，一毫将迎[5]，皆当斩绝之矣。到此地位，直造先天之境，即此便是实学。**

**"汝未能无心，但能持准提咒，无记无数，不令间断，持得纯熟，于持中不持，于不持中持。到得念头不动，则灵验矣。"**

注释

1 感格：感通，感化。

2 夭寿不贰：出自《孟子·尽心上》："夭寿不贰，修身以俟之。"意思是不论寿命长短，对待天命的态度都没什么不同，修身养性，等待天命。

3 该：完备，此处引申为包含。

4 觊觎（jì yú）：非分的希望或企图。

5 将迎：违心的趋奉迎合。

## 译文

“凡是祈求上天，发愿修身养性以奉天命的，都要从内心无思无虑处下手，方能感通天意。孟子讲到立命之学时曾说：‘不论寿命长短，对待天命的态度都没有什么不同。’夭折与长寿，一般人看来是截然不同的两件事。然而，当我们内心没有杂念时，又怎么会分别什么是夭折，什么是长寿呢？若仔细辨别，视丰收和歉收没有什么不同，然后可以安立贫富之命；视不得志和通达没有什么不同，然后可以安立贵贱之命；视夭折和长寿没有什么不同，然后可以安立生死之命。人活在世上，只有死亡和生存是最重要的，讲到夭折和长寿，则一切顺逆的情况都包含在内了。

“至于孟子所说的‘修身养性来等待天命’，是通过积德行善以祈求感通天心。说‘修’，就是指本身犯有错误和罪恶，都应当整治而消除；说‘俟’，就是指心中有一丝非分的企图，有一毫违心的趋奉迎合，都应当斩断，令其断绝。能做到这种地步，即能直达万物本源的先天境界，这便是真实的学问。

“你现在还未能做到心中没有妄念，但若能坚持念诵准提咒，不计数的多少，不要让念诵有间断，等念得相当熟练了，自然会口中在念而心里未有察觉，在口中不念时而心里却念诵不断。等念到心中念头不动，则自然会灵验了。”

## 解析

富贵和贫穷，长寿和短命，顺利和挫折，可谓截然相反。而云谷禅师却认为这些都没有什么差别。他的理由是，这些对立的事物或概念，都是我们的分别心在起作用。事物本身无所谓好坏，只是人们根据自身需求，把好坏强加给它们。如果我们对外在的遭遇始终都保持一颗淡定的心，不以自己的好恶来做评判，那么就能体察到事物本来的样子。与这种万物“本然”相契合，就是儒家所说的“上合天心”。再进一步，如果能够时常检点自己的所作所为，不断改正过失，事事都能符合天心，处处皆与世无违，那么这就是达到了先天境界，可以说是修身的根本所在了。

云谷禅师虽然以孟子的话立论，他讲的这种消除一切妄想分别的境界，其实是在宣扬佛教的“不二法门”。也就是禅宗常说的：“平常心是道。谓平常心无造作，无是非，无取舍，无断常，无凡无圣。”对于“不二”思想，儒释道三家都有相关表述。在《齐物论》中，庄子就说：“夫天下莫大于秋毫之末，而太山为小；莫寿乎殇子，而彭祖为夭。天地与我并生，而万物与我为一。”天下最小的是泰山，而最大的是兽毛的尖端；活了八百岁的彭祖是短命的，而刚生下来就夭折的小孩子是长寿的。我和天地一同诞生，和万物都是一体。此话乍一听像是无稽之谈，但是区分万物的标准都是我们人定下的，属于主观的偏见。如果从“道”的角度看，一切的差别其实都不存在。

按照以上说法，既然富贵和贫穷都一样，那为何人们还要追求富贵呢？何不都归隐山林呢？佛教和道家比较偏重“出世”，而儒家的回答是，功名富贵是人们都喜欢的，只要合乎道义，皆可追求。对于贫穷，孔子曾说：“饭疏食饮水，曲肱而枕之，乐亦在其中矣。不义而富且贵，于我如浮云。”以不正当的手段谋求富贵，是君子不屑的；只要是符合道义，即使粗茶淡饭，也能生活得十分快乐。另一方面，如果能以正当的手段谋求财富，孔子也认为应当积极追求：“富而可求也，虽执鞭之士（赶马车的人），吾亦为之。”

简言之，人生活快乐与否，主要取决于其言行是否合于“道”。如果合乎道义，追求富贵也是理所应当的。

## 虔心改进

**余初号“学海”，是日改号“了凡”。盖悟立命之说，而不欲落凡夫窠臼也。从此而后，终日兢兢[1]，便觉与前不同。前日只是悠悠放任，到此自有战兢惕厉[2]景象。在暗室屋漏[3]中，常恐得罪天地鬼神。遇人憎我毁我[4]，自能恬然容受[5]。**

**注释**

1 兢兢（jīng jīng）：谨慎恐惧的样子。

2 惕厉：警惕谨慎。

3 屋漏：指为人所看不见的地方。

4 憎毁：憎，厌恶；毁，诋毁。

5 容受：容纳接受。

**译文**

我起初号“学海”，在那一天便改为“了凡”。因为我明白了立命的道理，而不想再落入凡夫俗子的窠臼中。从此以后，我整天都保持小心谨慎，便觉得与之前不太一样。此前只是闲散放任，到这时，心里自然生起畏惧警惕之感。在无人之处，常常恐惧得罪天地鬼神。遇到有人厌恶我、诋毁我，自己也能安然容忍接受。

**解析**

古人的称呼，一般由名、字、号组成。以了凡先生为例，他初名表，后改名黄；字庆远，又字坤仪、仪甫；初号学海，后改为了凡。了凡，就是要了却凡尘，努力成为圣贤。人一旦精神上觉悟，便对从前种种难以忍受，而欲振作更新。自此以后，了凡先生每日坚持填写功过格，不断反省错误，感受与此前大不相同。他觉得仿佛有人在监督自己，时时保持警惕，不敢懈怠。

这也就是《中庸》上所说的："道也者，不可须臾离也，可离非道也。是故君子戒慎乎其所不睹，恐惧乎其所不闻。"如果一个人致力于追寻正道，那么道就不能离开自身片刻；如果可以离开，那就不是正道了。所以，君子就是在眼睛看不到的地方，也要谨慎小心；在耳朵听不到的地方，也要警惕注意。

东汉时的杨震，是个很有名的清官。他曾任荆州刺史，后调为东莱太守。当他去东莱上任的时候，路过冒邑。冒邑的县令王密是他在荆州刺史任内举荐的官员。王密听说老领导将到来，晚上就带了十斤黄金悄悄去拜访。面对王密的这份大礼，杨震当场予以拒绝，并说："我是了解你的，可是你却不了解我，这是为何呢？"王密以为杨震假装客气，便说："您放心，晚上没人知道。"杨震听了更为生气，就说："天知、地知、你知、我知，怎么能说没谁知道呢？"王密听后十分羞愧，只得带着礼物狼狈而回。

了凡先生终日保持"慎独"，当再遇到别人的诋毁时，自然就觉得能够忍受了。唐代的寒山、拾得是两位高僧，有一天，寒山问拾得："世人谤我、欺我、辱我、笑我、轻我、贱我、恶我、骗我，该怎么办呢？"拾得回答说："只是忍他、让他、由他、避他、耐他、敬他、不要理他，再待几年你且看他。"一个人如果平时保持反省，遇事从自身找原因，那么当遇到别人的恶意攻击时，自然就会保持淡定，处之泰然了。

## 初见成效

**到明年，礼部考科举，孔先生算该第三，忽考第一，其言不验，而秋闱[1]中式[2]矣。然行义未纯，检身[3]多误：或见善而行之不勇；或救人而心常自疑；或身勉为善，而口有过言[4]；或醒时操持，而醉后放逸。以过折功，日常虚度。**

**注释**

1 秋闱：科举制度中对乡试的称呼。明代乡试是由南、北直隶和各布政使司举行的地方考试。地点在南、北京府及布政使司驻地。由于考期在秋季八月，故又称秋闱。

2 中式：考取。

3 检身：检点自身。

4 过言：过分夸大、过于激切的言论。

**译文**

到第二年（1570），我参加礼部主持的科举考试，孔先生此前算我该考第三名，这次却出乎意料地考了第一名，他的预测开始不灵验了，而且我秋闱即考中举人。然而，我行义还不够纯洁，检点自身尚有许多错误：有时见到该做的善事而不能勇敢去做；有时救助别人而常常心存疑虑；有时虽勉力为善但说一些过于夸张、激切的言论；有时清醒的时候尚能保持操守，而一旦喝醉酒仍放纵不羁。将功抵过，日常时光也就这样白白地度过了。

**解析**

了凡先生做了一年功过格，效果就开始显现，而孔先生此前的预言也开始不准了。他此前许愿登科，第二年便中举，感应可谓神速。于是，了凡先生对改命之法更为确信，而对自身的要求也更加严格。他认为，自己还有几种比较隐蔽的毛病。

第一，行义方面，有时不能见义勇为。儒家素来提倡见义勇为，孔子就曾说："见义不为，无勇也。"而孟子更是主张："生，亦我所欲也。义，亦我所欲也。二者不可得兼，舍生而取义者也。"可见，在儒家眼中，见义勇为是做人的第一要义。

第二，即使见义勇为，但总是心存疑虑。在帮助人时，若想着自己的损失或别人是否会报答自己，那就很容易患得患失。真心帮助别人，就应该把别人的事当成自己的事，尽心尽力，不计得失地去做，这样才能把事办好。

第三，虽然努力帮助了别人，但嘴上会说一些夸大、偏激的话。有的人，在帮助别人之后，会洋洋自得，说一些大话、空话，以显示自己有多么厉害。这样做虽然短时没什么坏处，但不免有夸口之嫌，久之则会影响信誉。做好事应当默默无闻，不留名声，这在雷锋身上体现得最为明显。有一次，雷锋外出，在沈阳火车站发现一群人在围观一个背着小孩的中年妇女。雷锋过去一问，才知道这位妇女是从山东去吉林看望丈夫，不小心把车票和钱弄丢了。于是，雷锋就自己出钱买了一张去吉林的火车票送给这位大嫂。大嫂感动万分，含着眼泪问："小伙子，你叫什么名字，是哪个单位的？以后我一定要好好感谢你。"雷锋说："我叫解放军，就住在中国。"雷锋做好事不留名，却名满天下，为人们敬仰。

第四，酒后失言，行为放逸。在中国，无论什么场合，只要是几人相聚，似乎总是缺不了酒。人们酒桌上喝得越多，表明感情越深厚；敬酒不喝，则会驳人面子，扫人兴致。不过，历史上喝酒误事的例子可谓不胜枚举。据说商朝末期，纣王沉溺于酒池肉林不理朝政，最终亡国。故周公作《酒诰》，列举醉酒的种种危害以警世人，这可算历史上第一篇禁酒令。对于饮酒，孔子有句名言："唯酒无量，不及乱。"意思是：我喝酒能喝多少就喝多少，不限量，只是从不喝醉失态罢了。这种态度，是值得我们效法的。

## 广行善行

**自己巳岁发愿，直至己卯岁，历十余年，而三千善行始完。时方从李渐庵入关，未及回向。庚辰南还，始请性空、慧空诸上人，就东塔禅堂回向[1]。遂起求子愿，亦许行三千善事。辛巳，生男天启。**

**余行一事，随以笔记。汝母不能书，每行一事，辄用鹅毛管，印一朱圈于历日[2]之上。或施食贫人，或买放生命，一日有多至十余者。至癸未八月，三千之数已满，复请性空辈，就家庭[3]回向。九月十三日，复起求中进士愿，许行善事一万条。丙戌登第，授宝坻知县。**

## 注释

1 回向：佛教术语，又作转向、施向。以自己所修之善根功德，回转给众生；或以自己所修之善根，为亡者追悼，以期亡者安稳。

2 历日：即日历。

3 家庭：此处指家中的庭院。

## 译文

自从己巳年（1569）立下志愿，直到己卯年（1579），历经十余载，我才把三千件善事做完。当时，我正跟从李渐庵入关，没来得及回向。庚辰年（1580）返回南方后，才请性空、慧空诸高僧，到东塔禅堂为我做回向。于是我就发起求子的心愿，同样许诺再行三千件善事。辛巳年（1581），生下儿子天启。

我每做一件事，都会随时用笔记录下来。你母亲不会写字，每做一件事就用鹅毛管，在日历上印一个红圈。或是向贫穷的人施舍食物，或是买动物放生，有时一天做的善事竟多达十余件。到癸未年（1583）八月，三千善事已经圆满，又请性空诸人在家中庭院做回向。九月十三日，我又发起考中进士的心愿，许诺行一万件善事。丙戌年（1586），我果然进士及第，被任命为宝坻知县。

## 解析

反思之后，了凡先生就在日常生活中努力改过，一连坚持十余载，终于圆满了三千善行。毛泽东曾说，一个人做好事并不难，难的是一辈子做好事，不做坏事。了凡先生十余年里，始终坚持改过行善，可谓有恒心、有毅力。纵观古今，凡是有一番作为的人，未必有超世之才，但必定都有坚忍不拔之志。清代文学家蒲松龄曾写过一副对联：“有志者事竟成，破釜沉舟，百二秦关终属楚；苦心人天不负，卧薪尝胆，三千越甲可吞吴。”上联讲的是有志向的人，最终能取得成功。好比项羽举兵反秦时，在钜鹿一战，命士兵凿沉运输船，砸烂做饭的锅，自断后路，与秦军决一死战，最终攻入关中灭掉了秦国。下联讲的是有毅力能吃苦的人，上天不会辜负他的心血。就像勾践当年兵败之后，能卧薪尝胆，历经二十多年艰辛，最终消灭了吴国，一雪前耻。

南怀瑾先生曾说，能征服天下的人是英雄，能征服自己的人是圣人。与项羽、勾践等人不同，了凡先生刻苦自励，消灭的是自己身上的错误，建立的是淳厚的德行。更难能可贵的是，他在功德圆满后，愿意把此功德回向给一切众生，愿所有人都能增加福报、离苦得乐，慈悲心肠更非世间英雄可比。

了凡先生求子有验后，也感化了自己的夫人。从此，袁夫人也和丈夫一道做功过格，有时一天做的善事竟有十几件之多。她虽然不识字，但心地善良，通情达理，三年之内就和丈夫共同完成了三千件善功。《大学》中讲的正心、诚意、修身、齐家、治国、平天下，前四项了凡先生都已经做到。于是，接下来他就发愿行万善以求为官治国。果然，三年后他就高中进士，做了宝坻知县。

## 造福百姓

**余置空格一册，名曰“治心篇”。晨起坐堂[1]，家人携付门役。置案上，所行善恶，纤悉必记。夜则设桌于庭，效赵阅道[2]焚香告帝。**

**汝母见所行不多，辄颦蹙[3]曰：“我前在家，相助为善，故三千之数得完。今许一万，衙中无事可行，何时得圆满乎？”**

**夜间偶梦见一神人，余言善事难完之故。神曰：“只减粮一节，万行俱完矣。”盖宝坻之田，每亩二分三厘七毫，余为区处[4]，减至一分四厘六毫，委[5]有此事，心颇惊疑。适幻余禅师自五台来，余以梦告之，且问此事宜信否。**

**师曰：“善心真切，即一行可当万善，况合县减粮，万民受福乎？”**

**吾即捐俸银，请其就五台山斋僧一万而回向之。**

### 注释

1 坐堂：官员在公堂上审理案件。

2 赵阅道：宋代文学家，笃信神佛，每天夜晚焚香向上天报告白日所为，无所隐瞒。

3 颦蹙（pín cù）：眉头紧皱，形容忧愁的样子。

4 区处：处理，筹划。

5 委：确实。

### 译文

我准备了一册空格本，取名为“治心篇”。早晨在公堂处理案件时，家里的用人就带过来交给县衙看门的人。我把它放在公案上，平时所做的善事恶事，不论大小，都详细地记在上面。夜晚就在庭院里摆上桌子，仿效赵阅道焚香向天神报告白天做的事。

你母亲见我所行善事不多，总是皱着眉头，发愁地说："以前我在老家的时候，帮着你做善事，因此三千件善事才得以完成。如今你许诺一万件，衙门中无事可做，什么时候才能得以圆满呢？"

夜间忽然梦到一位神仙，我告诉他善事难以完成的缘故。神仙说："单算减税粮一件事，一万件善事就全部完成了。"原来宝坻县每亩田税是银二分三厘七毫。经我处理，调减为每亩一分四厘六毫，的确有这件事，回想起这个梦，我心里充满惊奇和怀疑。适逢幻余禅师从五台山来，我把这个梦告诉了他，并且问他这件事应不应该相信。

幻余禅师对我说："只要为善之心真诚恳切，那么做一件善事就可抵做一万件善事，何况全县减少税粮，造福上万百姓呢？"

听禅师这么说，我随即捐出俸禄，请他在五台山斋僧一万，并将功德回向。

## 解析

了凡先生在宝坻为官近五年，他廉政爱民，为地方做了很多好事。他刚一到任，宝坻县正在闹灾荒，连年水灾致使百姓流离失所，饿殍满地。于是，他大力倡导垦荒，推广水稻种植，努力解决当地百姓吃饭难的问题。宝坻县（今天津宝坻）主要种植小麦，因当时徐贞明在永平（今河北卢龙）招募南方人种稻成功，受此启发，了凡先生也试图在当地推广水稻种植。

他亲自考察水利，认为宝坻发展农业生产要因地制宜，要以疏浚河道、蓄水灌溉为主，变水害为水利。他主张借水兴农，在县东部洼淀处推行水田种植。同时，了凡先生在宝坻东南部较为低洼的地方开挖渠道，种植水稻，并引潮白河之水灌溉稻田。此外，他还编写了《宝坻劝农书》以教导乡民发展生产。此书包含天时、地利、田制、播种、耕治、灌溉、粪壤、占验等八章，主要向当地农民传授新的作物品种与耕作技术，内容详细而又切实可行。

在了凡先生的大力扶持下，宝坻县农业生产蓬勃发展。一次，朝廷管理屯田事务的官员途经宝坻，看到田禾茂盛，不禁大声赞叹。但想到地方官并未向朝廷报告兴农的政绩，便问了凡先生："宝坻的荒地皆开垦成良田，为什么屡次上报，你都不讲这些呢？"了凡先生对自己的政绩只字不提，只是含糊应付了事。原来，朝廷征收的田税是根据田亩数量制订的，新开垦的农田不在征收之列。如果了凡先生把自己的政绩上报朝廷，固然会因此受到嘉奖，但当地百姓难免要多交赋税。了凡先生为了百姓的安康而甘愿牺牲自己升官的机会，确实做到了舍己为人。不仅如此，他还向朝廷谏言，减少当地百姓所交的赋税。而且，了凡先生积极赈济贫困，减免百姓差役，为当地做的善事何止万件？

为官一任，造福一方。了凡先生所行的“善政”，改变了宝坻贫困落后的面貌。万历二十年（1592），他因政声卓著，被朝廷考评为贤能之首，荣升兵部主事。离任之日，宝坻百姓纷纷为他送行。为了感念了凡先生的仁政，当地百姓建造了袁公祠，并由教谕韩初命撰写了《袁侯德政碑》，以纪念这位“爱民重而官爵轻”的知县。时至今日，宝坻人仍对了凡先生充满敬仰之情，民间还有许多关于他的传说。了凡先生在宝坻事迹主要参考王宗征：《袁黄：政绩卓著的明代宝坻县令》一文。

## 仁者多寿

**孔公算予五十三岁有厄，余未尝祈寿，是岁竟无恙，今六十九矣。《书》曰：“天难谌，命靡常。[1]”又云：“惟命不于常。”皆非诳语。吾于是而知，凡称祸福自己求之者，乃圣贤之言。若谓祸福惟天所命，则世俗之论矣。**

### 注释

1 天难谌，命靡常：此句出自《尚书·咸有一德》。谌，信任；靡常，没有一成不变。意思是：天命难以确信，命运没有一成不变的。

### 译文

孔先生算我五十三岁时会有灾祸，我从没有祈求过长寿，到了五十三岁那一年，居然没有生什么病，今年我已经六十九岁了。《尚书》中说：“天命难以确信，命运没有一成不变的。”还说：“唯有天命是变化不定的。”这些都不是骗人的话。我由此知道，凡是说灾祸、福报是人自己求得的，才是圣贤之言。如果说灾祸、福报只是上天命定的，则是世俗之论罢了。

### 解析

了凡先生在佛前曾发愿求官、求子，却未曾求过长寿，但他依然无灾无病安然度过了五十三岁的“大限”。他由此感慨天命无常，对云谷禅师所说的改命之理更加钦佩了。

在殷商时期，人们非常推崇天命，凡事都要用甲骨进行占卜。《小戴礼·表记》称："殷人尊神，率民以事神，先鬼而后礼。"商人敬奉鬼神，商王假借上帝的旨意，使臣民听从他的指挥。在甲骨文中，天的最高主宰是"帝"，"天帝"这个最高的神灵主宰着大自然的风雨雷电、水旱灾害，并决定人间的农业收成、军事战争、商业贸易等等。它位居天庭，却能保佑或降灾给商王。根据甲骨文记载，商王向臣民发号施令时，通常都是打着天帝的旗号，以上天的代理人自居；人民只能对天帝无条件服从，如果违背了上天的旨意，就会遭受惩罚。

武王伐纣之后，为了表明周朝推翻商朝的合理性，周公提出：天命不是一成不变的，天下唯有德者居之。天命的转移根据"德"来进行，"敬德"者则得天命，"丧德"者则失天命。殷纣王昏庸无道，暴虐百姓，残害忠良，所以失去了上天的眷顾。毛公鼎铭文记载："丕显文武，皇天宏厌厥德，配我有周，膺受天命。"文王、武王德行淳厚，深受皇天的喜爱，因而接受了天命成为天下的统治者。所以在周人编订的《尚书》中，有多处对天命恒常不变的质疑。

了凡先生由此想到：既然一个国家、一个民族的命运都可以改变，那一个人的命运怎么会是固定不变的呢？福祸无门，唯人自召。命运终究还是掌握在自己手上。至此，他完全跳出了孔先生预测的圈子，走入了更为宽广的人生境地。

## 常思不足

**汝之命，未知若何？即命当荣显，常作落寞想；即时当顺利，常作拂逆想；即眼前足食，常作贫窭[1]想；即人相爱敬，常作恐惧想；即家世望重，常作卑下想；即学问颇优，常作浅陋想。**

**远思扬祖宗之德，近思盖父母之愆[2]；上思报国之恩，下思造家之福；外思济人之急，内思闲己之邪[3]。**

**务要日日知非，日日改过，一日不知非，即一日安于自是；一日无过可改，即一日无步可进。天下聪明俊秀不少，所以德不加修，业不加广者，只为因循二字，耽阁[4]一生。**

**云谷禅师所授立命之说，乃至精至邃，至真至正之理，其熟玩而勉行之，毋自旷也。**

## 注释

1 贫窭（pín jù）：贫穷。

2 愆（qiān）：过失。

3 闲己之邪：防止自己做出邪谬之事。

4 耽阁：即耽搁。

## 译文

你未来的命运不知道会怎样？就算你命中当享受荣华富贵，也要常作落寞不得志想；就算人生一帆风顺，也要常作身处逆境想；就算目前丰衣足食，也要常作贫穷困乏想；就算你很受人爱戴尊敬，也要常作畏惧害怕想；就算家世高贵，也要常作卑微低下想；就算学问精深，也要常作浅薄鄙陋想。

往远里说，要想着将祖宗的德行发扬光大；往近里讲，要遮掩父母的过失；向上，要想着报答国家的恩泽，对下，要想着造福家庭；对外，要想着帮助别人度过危难；对内，要想着防止自己做出什么邪谬的事。

务必每天都要知晓自己的错误，每天都要改过自新。一天不知道自己的错误，就一天安于自以为是。一天没有改正错误，就一天没什么进步。天底下才智杰出的人可算不少，之所以德行没能进一步提升，事业没能更加广阔，只是因为“因循”这两个字而耽误一生。

云谷禅师传授的“立命”学说，乃是最精微深远、最真实、最正确的道理，你要认真钻研而努力实践，切不要放松对自己的要求而荒废光阴。

## 解析

了凡先生自己受益于云谷禅师的“立命”之说，文末又把它归纳总结了一番，继续传给自己的儿子。主要内容有三点：第一，时刻保持处于逆境的心态。常言道“艰难困苦，玉汝于成”。人只有经历挫折的考验，才能历练一身本领。了凡先生早年丧父，少年时期经历过生活的磨难，而自己的儿子出生于官宦家庭，从小生活条件优越。因此，更要叮嘱他时刻保持谦虚谨慎，戒骄戒躁，不要把一切都看成理所当然。对生活常怀敬畏，更有助于他的成长。

第二，要懂得感恩，造福他人。了凡先生主张子女对父母要学会宽容，他们偶有不对，做子女的要掩盖其错误，不可跟父母吵架。中国自古有“为尊者讳，为贤者讳，为亲者讳”的传统，我们对上司、对贤达、对亲人的过失要学会容忍避讳。《论语》里记载了一个故事：叶公告诉孔子，自己家乡有个人很耿直，父亲偷了羊，他便去官府告发父亲。孔子听了则说：“在鲁国，家人有了过错，父亲隐护儿子，儿子也隐护父亲，我觉得这样更为真诚和直率。”父子之间是至亲骨肉，相互隐护是出于自然情感，所以孔子认为这样更为直率。以现在的观点衡量，“父子相隐”仍有一定的合理性。父母和子女的地位是平等的，父母有错，子女可以用合理的方式向他们指出。但是，如果父母一时没有认识到，或者不愿意改正，做子女的不应该生气或恼怒，更多的是要有一份宽容之心。

第三，时常改过，不断进步。不满是向上的车轮，德性的修养需要人日日反思，时时改过，不能放松对自己的要求。人总是对待自己很宽松，对待别人很苛刻，对自己的错误和毛病很容易视而不见，总觉得自己是完美的。其实，这是不自知的表现。人非圣贤，孰能无过？有过能改，善莫大焉。越是聪明人，越容易懒散，以致虚度光阴，一事无成。了凡先生自己坚持做功过格，大半生都在不断改正错误。他很明白其中的艰辛和曲折，所以再三叮嘱儿子要时刻保持警觉，要持之以恒，只有这样才能不断改过自新。

从实际情况来看，袁天启认真听取了父亲的教诲，成为了一名博学多才、德行淳厚的谦谦君子。像父亲一样，他也考中进士，当上了县令。看来，了凡先生的谆谆教诲确有实效，并非虚言。

# 贰

# 改过之法

## 导读

在第一篇《立命之学》中，了凡先生向儿子讲述了自己改造命运的经历和效验，鼓励他要有“我命由我不由天”的魄力。接下来，他分别论述改造命运的具体方法。在本篇《改过之法》中，他提出改造命运首先要断除罪过，内容主要分为两大类。

第一类，改过首先要具备三种心理要素。（1）羞耻心：此心分正、反两种。正的一面要思考自己和圣贤都是人类，别人能名垂千古，为何自己不能呢？必须要发愤图强，赶超圣贤。反的一面，要警惕无羞无耻，远离兽行。（2）敬畏心：一方面，人要敬畏天地鬼神，不要认为暗地做亏心事就无人知晓。殊不知鬼神时时刻刻都在监督世人，人内心的任何想法都逃不过神明的眼睛。另一方面，不要把别人都当成傻子，认为可以轻易糊弄。要想人不知，除非己莫为。纵使能欺瞒一时，也难以欺瞒一世，所做之事终究会暴露，身败名裂，实在可悲。（3）勇猛心：犯了错误，不能拖延，必须雷厉风行立即改正。

第二类，改过的具体方法有三种。（1）从事上改，就是遇到错误出现时，就去具体解决。其好处是简单易操作，不足在于比较琐碎，难以从根本上解决问题。（2）从理上改，就是错误产生前，自己先弄清楚事物的道理，从而避免问题的出现。比如，通过思考生物莫不爱惜生命，明白万物一体的道理而不去杀生。（3）从心上改，内心时刻保持光明的状态，无丝毫杂念，心思全部专注在为善上。这是最彻底有效的手段。

总之，改过要下定决心，认真去实践，其方法可以多管齐下。

## 相由心生

**春秋诸大夫，见人言动[1]，亿[2]而谈其祸福，靡不验者，《左》《国》诸记可观也。**

**大都吉凶之兆，萌乎心而动乎四体。其过于厚者常获福，过于薄者常近祸。俗眼多翳[3]，谓有未定而不可测者。**

**至诚合天，福之将至，观其善而必先知之矣。祸之将至，观其不善而必先知之矣。今欲获福而远祸，未论行善，先须改过。**

**注释**

1 言动：言谈举止。

2 亿：臆测，揣测。

3 翳（yì）：本指眼角膜上所生障碍视线的白斑，此处引申为遮蔽。

**译文**

春秋时期的诸位大夫，通过观察人的言谈举止，即能推测说出此人的吉凶祸福，没有不应验的，相关事例从《左传》《国语》等书的记载就能看到。

大多数吉凶祸福的征兆，萌发于内心而通过人的行为举止表现出来。那些很厚道的人往往获得福报，那些很刻薄的人往往遭遇灾祸。一般人眼睛就像生了白内障一样，对事情往往看不清楚，总认为吉凶祸福不是注定的，而且难以预测。

至诚的心是能与天意相合的，福报要来临时，通过观察这个人的善行必定能事先预知。灾祸要降临时，通过观察这个人的不善之举，也必定能事先预知。如今若想获得福报而远离灾祸，暂时先不讨论行善，首先必须要改正过错。

**解析**

“以貌取人”可谓由来已久，在《礼记》中就记载尧依据人的容貌授予官职。《孝经》则认为容貌举止可以观瞻，进退有据，可为法度。历史上，从一个人的言行来判断事情发展的例子不胜枚举。

春秋时期，楚国的大将屈瑕讨伐罗国，斗伯比为屈瑕送行。回来后，斗伯比对他的车夫说：“屈瑕举止高傲，心神不定，这次肯定要失败！”于是他就请示楚王派兵增援。可楚王听了斗伯比的话，不以为然，说：“此次屈瑕率大军出征，兵强马壮，怎么会打不过区区罗国呢？”楚王退朝后，觉得斗伯比所言十分可笑，就把此事告诉了夫人邓曼。邓曼一听就明白了，她对楚王说：“斗伯比担心的，恐怕不是士卒寡不敌众吧？他所担心的是屈瑕轻敌失败呀！”楚王恍然大悟，派人追告屈瑕，可为时已晚。

屈瑕依仗自己兵多势众，想尽早攻克罗国，于是就督促全军尽快渡河，即使队伍混乱也在所不惜。楚军过河后，队列不整，行进到罗国都城时，突然遭到罗国军队迎面攻击，背后又被卢国军队偷袭，屈瑕和他的将士们都大惊失色。楚军腹背受敌，迅速溃败。屈瑕一路狂奔，竟逃到荒山野岭中。他自觉无颜再见国君和父老，就自缢而亡。斗伯比从屈瑕骄傲的神态中看出了楚军败亡的征兆。而周朝的内史，也从晋国国君懈怠的行为中看出晋国礼仪制度废弛，国将不国的未来。

一次，周天子派内史向晋惠公颁赐诏命，晋惠公在接受玉器时很懒散。回去后，内史告诉周王说：“晋国国君的儿子可能要有灾祸了。大王颁赐诏命于他，而他接受玉器时却很懈怠，这是自暴自弃，怎么能有合格的继承人呢？礼仪是治国的首要大事，而恭敬是安身立命的重要原则。如果为人不恭敬，礼仪就行不通，礼仪行不通，君臣上下就会混乱不堪，这样一来，国家如何能长治久安？”果然，在晋惠公死后，其子晋怀公继位，不久怀公即被人谋杀，晋国人另立晋文公为君。

一个人的举止，能影响自身及国家的命运，不可不慎！我们经常说“坐如钟，站如松，行如风”。重视仪表，不仅仅是为了美观，更重要的是，我们的一举一动，都体现了自己的精神状态。坐姿端正，寓意品行要端正，行为要有标准；站姿挺拔，寓意人格要正直，意志要坚强；行走迅速，寓意行动要果决，应变要灵敏。一屋不扫，何以扫天下？一冠不正，何以正一国？所以，了凡先生提倡改变命运，必须要先从杜绝自身不端正的行为开始。

## 深明羞耻

**但改过者，第一，要发耻心。思古之圣贤，与我同为丈夫，彼何以百世可师？我何以一身瓦裂[1]？耽染尘情，私行不义，谓人不知，傲然无愧，将日沦[2]**

**于禽兽而不自知矣。世之可羞可耻者，莫大乎此。孟子曰：“耻之于人大矣。”以其得之则圣贤，失之则禽兽耳。此改过之要机[3]也。**

## 注释

1 瓦裂：像瓦片一样碎裂，引申为默默无闻，毫无建树。

2 沦：沉沦，没落。

3 要机：要旨，主旨。

## 译文

凡是要决心改过的人，第一，内心要发起羞耻心。想一想，古代的圣贤之士，与我同样都是男子汉大丈夫，他们为何能够流芳百世，成为后人效仿的楷模？我为何死后就如同瓦裂而默默无闻？那些沉溺于尘世情欲的人，暗中做些不正当的事，自以为别人不知道，高傲不知羞愧，如此将会渐渐地沦于禽兽的地步，而自己却还不知道。世上可羞耻的事，没有比这更严重的了。孟子说：“羞耻之心对于人至关重要。”这是因为，人能心存羞耻之心便可成为圣贤，失去了它则形同禽兽啊。这是改过自新的要旨。

## 解析

孔子说：“知耻近乎勇。”一个人如果知道羞耻，就接近勇敢了。一个人只有懂得羞耻，才能自省自勉，奋发图强。有羞耻心的人，能勇敢地面对自己的错误，战胜自我，这才是“勇”的表现。常怀羞耻之心的人，不仅能够端正行为，而且知进取，求奋进，积极向君子靠拢。

在战国时期，洛阳人苏秦很想有一番作为，于是他变卖家产，东奔西跑了好几年，可是最终也没做成官。后来，他花光了钱，狼狈地回到家里，被父母狠狠地骂了一顿。妻子不搭理他，嫂子也不给他饭吃。苏秦受了很大刺激，就下决心争口气。从此以后，他发愤读书，钻研纵横之术（外交战略），每天都学习到深夜。有时候读书到半夜，又累又困，他就用锥子扎自己的大腿；还把头发用带子拴在房梁上，一打瞌睡，扯得头皮疼，就继续读书学习。这就是“头悬梁，锥刺股”典故的由来。如此刻苦用功，苏秦学问大长，后来他钻研出一套“合纵”之术，提倡联合六国一同对抗秦国。他到六国游说“合纵”的主张，结果六国诸侯听取了他的意见，建立了合纵联盟，而苏秦也终于佩戴上六国相印，成为烜赫一时的风云人物。

孟子曾说："人不可以无耻。无耻之耻，无耻矣！"一个人如果连羞耻之心都没了，那就真的很无耻了。在佛教中，把知耻称为"惭愧心"，是一个人学佛入道的首要条件之一。《佛遗教经》说："惭耻之服，于诸庄严，最为第一。惭如铁钩，能制人非法。"一个人虽然犯了过错，但如果知道羞耻，就会约束自己，以后不会再犯。

是否有羞耻心，甚至是人区别于动物的关键。没有羞耻心的人，做事肆无忌惮，与禽兽又有何异？因此，了凡先生把知耻列为改过的首要因素。

## 心怀敬畏

**第二，要发畏心。天地在上，鬼神难欺，吾虽过在隐微，而天地鬼神，实鉴临之。重则降之百殃，轻则损其现福，吾何可以不惧？**

**译文**

第二，心中要发起畏惧之心。天地在上，鬼神难欺，我即使犯了隐蔽微小的错误，而天地鬼神实际上都看得清清楚楚。一个人如果犯有严重的罪过，上天就会降下各种灾祸，如果犯的错误比较轻微，也会损耗他现世的福报，我们还有什么理由不畏惧天地鬼神呢？

**解析**

改过之法，第二就是要有敬畏之心。孔子曾说君子有三畏："畏天命，畏大人，畏圣人之言。"人应当敬畏天命，敬畏德行高的人，敬畏圣人的教诲。了凡先生笃信神佛，认为人的一言一行，所做善恶，都有鬼神在监督记录。要是做了坏事，就会遭受天谴，折福损寿，因此不敢胡作非为。乍一看，这种"信仰"未免有些迂腐，但正如古人所言："凡善怕者，必身有所正，言有所规，行有所止"，用信仰来培养自己的敬畏之心，未尝不是良法。人若没有敬畏之心，往往就会变得肆无忌惮、为所欲为。轻则与人不合，郁郁寡欢，重则无法无天，以致身败名裂。

晚清名臣曾国藩说自己平生有"三畏"：畏天命、畏人言、畏君父，这与孔子的教诲是一致的。他一生常怀敬畏之心，做人做官都坚持原则，牢守底线，最终成就了“立德、立言、立功”的辉煌功业。曾国藩为了表示尊师重道，礼贤下士，招罗了一批文化名人。这些名人大多只会吟诗作对，吹牛拍马，并不能干什么实事。

一天，曾国藩与幕僚高心夔、李鸿裔谈话，正巧有客人来拜访，曾国藩便出去接待，留下高、李二人在室中。他们翻阅桌上的文稿，看到一篇《不动心说》，是一位颇有名望的老夫子写的。文章大体意思是说自己修养已经很深厚了，面对金钱美女、高官厚禄都可以做到不动心。二人看后觉得此人虚伪可笑，于是就在上面合写了一首打油诗：“妙曼蛾眉侧，红蓝大顶旁。尔心都不动，只想见中堂。”面对美女、高官你都不心动，只因为你一心想见到中堂大人啊！

曾国藩回到书房，看到书上所题的字，叹气说：“一定是高、李两小子写的。”于是便找二人谈话：“这些所谓的名人有时言行不一致，甚至有的欺世盗名，其实我都知道。可你们是否想过，他们能有今天的地位，靠的正是这个虚名。如果你们硬要揭穿人家，砸了他们的饭碗，那他们对你们的仇恨，岂能是平常文人言语之争可比的？恐怕杀身大祸都隐伏在里边了！”

李鸿裔听后茅塞顿开，虚心接受了教诲，从此他内敛锋芒，谨言慎行。而高心夔则不以为然，继续作诗奚落那些好吹嘘的同僚们，为此常与他人发生争执。最后他自觉处处与人不合，只好辞职离开。后来，李鸿裔在曾国藩身边大展抱负，立下汗马功劳，官至江苏按察使，加布政使衔（从二品）。而高心夔离开后，虽高中进士，但由于诸多原因，最后只当了个七品县令，草草收场。

可见，一个人只有心存敬畏，才可能虚心受教，不断进步，成就一番事业。反之，即使别人说再多的道理，也难以听进，依旧我故，终究有志难伸。

## 自欺欺人

**不惟此也。闲居[1]之地，指视昭然[2]。吾虽掩之甚密，文之甚巧，而肺肝早露，终难自欺。被人觑破[3]，不值一文矣。乌得不懔懔[4]？**

**注释**

1 闲居：独居。

2 昭然：明白易见。
3 觑（qù）破：识破。
4 懔懔：畏惧的样子。

## 译文

不仅如此，即使在自己独居之处，对天地鬼神来说，就像手指着看那样清楚。即使掩蔽得再隐秘，文饰得再巧妙，而其实内心的情况早已暴露，最终难以自欺。如果伪装被人识破，那就人格丧尽，不值一文了。怎能不长存敬畏之心呢？

## 解析

了凡先生此段话来源于《大学》"慎独"一节，说的是人做了坏事，再怎么掩饰都无济于事："故君子必慎其独也。小人闲居为不善，无所不至，见君子而后厌然，掩其不善而著其善。人之视己，如见其肺肝然，则何益矣？"君子在独处的时候，一定要谨慎。小人私下里胡作非为，见到君子就躲躲闪闪，掩盖自己做的坏事而夸夸其谈。可是，君子一眼就看穿了，就像能看见他们的心肝一样清楚，即使尽力掩饰也没有什么用。《大学》提出，一个人如果诚于内，必然会形于外，人的内心活动会体现在言谈举止之中。小人做了坏事，害怕别人看出来，于是就百般伪装，结果仍是徒劳。

文过饰非的反面就是"闻过则喜"。据说，孔子的弟子子路，每听到别人批评自己，就很高兴，能虚心接受意见。更有甚者，如齐国的贤相晏子，更是主动"闻过"，不闻过则"不喜"。晏子手下有位叫高缭的人，他为人谨慎，干了三年，从来没有犯过错。可是有一天，晏子却把他辞退了，晏子的随从就劝道："高缭已侍奉您三年了，而您不但没有给他官位，还要把他辞退，这难道符合道义吗？"晏子说："我是一个没什么才能的人，发现不了自己的毛病和过错，所以需要别人时常指出我的问题。但是高缭在我身边足足三年，看到我犯了错误却从来不说，这对我有什么帮助呢？所以我就把他辞退了。"

晏子身为宰相，一人之下万人之上，他不为权力所迷惑，而能主动要求别人提意见，实属可贵。自古以来，因为不听别人的意见以致亡国的例子不胜枚举。领导人在受蒙蔽的情况下，是不可能正确认识自己的，更遑论改正错误了。所以，为上者须有虚心"纳谏"的精神，要时刻保持头脑的清醒，敢于听取"逆耳忠言"。

## 无过不可改

**不惟是也。一息尚存，弥天之恶，犹可悔改。古人有一生作恶，临死悔悟，发一善念，遂得善终者。谓一念猛厉[1]，足以涤百年之恶也。譬如千年幽谷，一灯才照，则千年之暗俱除。故过不论久近，惟以改为贵。**

**但尘世无常，肉身易殒[2]，一息不属，欲改无由矣。明则千百年担负恶名，虽孝子慈孙，不能洗涤；幽则千百劫沉沦狱报[3]，虽圣贤佛菩萨，不能援引[4]。乌得不畏？**

### 注释

1 一念猛利：心念真诚迫切。

2 殒（yǔn）：死亡。

3 狱报：地狱的果报。

4 援引：施以援助。

### 译文

不仅如此，人只要有一口气在，即使犯有滔天大罪，尚可忏悔改正。古人有一生干尽坏事，而在临死前悔悟萌发一丝善念，于是就得到了好的结局。这就是说，改过的念头足够猛厉，足以洗刷消除百年的罪恶。这就好比深山峡谷黑暗了上千年，只要在其中点亮一盏灯，则上千年的黑暗都可消除。所以说，过错不论是什么时候犯的，只要能够改正就弥足可贵。

但是，尘世变幻无常，肉身易于消殒，一口气没喘上来，想要改正过错就再也没有机会了。在人世间承受着恶名，即便有孝子慈孙也不能洗脱；在地府则千百劫沉沦地狱的果报，即便圣贤佛菩萨也不能相救。怎能不畏惧呢？

### 解析

有的人虽然认识到了自己的过错，但是觉得多年来积累的错误太多，一件件改正，不知要到何时才能改完。因此就灰心丧气，甚至自暴自弃。了凡先生认为，一个人只要有一口气在，就能忏悔改正，又怎么会晚呢？孔子曾说："朝闻道，夕死可矣。"一个人如果早晨明白了道理，即使当晚死去，也都可以不留遗憾。所以，人欲改过，不怕时间长短，只要改过之心真诚迫切，都可以完成目标。

三国时期，东吴的周处年轻时横行乡里，为非作歹。人们把他和山上的老虎、河里的鳄鱼合称为“三害”，而周处的危害最大。一天，有人对周处说：“乡里除了山上的猛虎以及河里的鳄鱼，没有什么比你更勇猛的了。”周处听闻后，一心想出风头，于是就拿起兵刃上山打虎，又入水击杀鳄鱼。经过三天三夜激烈地搏斗，周处和鳄鱼打得难解难分，在水里浮浮沉沉漂了几十里。乡人都认为周处已经死了，于是大家敲锣打鼓以示庆贺。这时，周处终于杀死鳄鱼，游上了岸。他听说乡里人以为自己死了而纷纷祝贺，才恍然大悟自己其实才是乡里的一大祸患。

他为此深感羞愧，于是就离开家去寻找当时的名士陆云，希望能得到指点。见到陆云后，周处把自己的情况告诉了他，说自己想改正错误，但是已经荒废了大好时光，担心最终难有什么成效。陆云就对他：“古人贵朝闻夕死，况且你的前途还大有希望。再说，人只怕立不下志向，如果志向坚定，又何必担心名声不能远扬呢？”周处从此改过自新，最终成为一代忠臣。

## 雷厉风行

**第三，须发勇心。人不改过，多是因循退缩；吾须奋然振作，不用迟疑，不烦等待。小者如芒刺在肉，速与抉剔**[1]**。大者如毒蛇啮指，速与斩除，无丝毫凝滞。此风雷之所以为“益”也。**[2]

**注释**

1 抉剔：搜寻挑取。

2 此句出自《易经·益卦》：“风雷，益；君子以见善则迁，有过则改。”

**译文**

第三，内心要发起勇猛心。一般人不能改正自己的错误，大多是因为懈怠退缩；我们必须奋发振作，勇往直前，不要犹豫不决，也不要拖延等待。对待小的过错，就像是有芒刺扎在肉里那样，要立刻搜寻并挑出来。对待大的过错，就像是被毒蛇咬了手指那样，要立刻斩断指头，不能有丝毫的犹豫停滞。这就是《易经·益卦》所说的改正错误要雷厉风行的道理。

解析

一个人有了羞耻心、敬畏心，明白了改过的必要性，最后还要有勇猛心。常人做事大多有“拖延症”，对要做的事情总抱着“等一等”“缓一缓”的心态。虽然拖延症并不是真的疾病，但确实给我们的工作和生活造成了不小的麻烦。说到底，“拖延”是懒惰思想在作怪，我们潜意识里不断暗示自己“不着急干活，先玩会儿再说”“还有时间，慢慢来”，因而很难发起奋进之心。所以，克服拖延症，首先要不贪图安逸，摆脱懒散的“侵蚀”。当潜意识给我们传递种种消极信息时，我们大脑要保持清醒，果断拒绝诱惑。

对自己的错误，要格外重视，即使小问题也不能轻易放过。了凡先生把小的错误比作扎在肉里的刺，一刻不挑出来，就一刻不舒服，时间长了甚至还会化脓生疮，造成大的危害。同样道理的话，法国思想家伏尔泰也曾说过：“使人疲惫的不是远方的高山，而是鞋子里的一粒沙子。”当我们跋山涉水时，并不惧怕前方的路程有多遥远，只要心中有目标，大都能抵达终点。可是，当鞋里进了沙子，如果我们对此漫不经心，不以为意，它就会磨烂我们的脚，减缓我们前进的步伐，以致越走越累，最终不得不放弃行程。其实，我们大可不必急于赶路，不妨坐下，先把鞋子里的沙子倒出来。只有不忽视细微的问题，才能长久保持良好的状态，也才能走得更远更稳。

对小的错误尚且如此重视，对大的错误，更应该有“壮士断腕”的勇气。好比人的手指被毒蛇咬伤，就应立即截断，以免毒素扩散全身；虽然因此遭受一些痛苦和损失，但毕竟保全了健康的身体，否则将会有生命危险。总之，改过应雷厉风行，不得拖泥带水，有半点迟滞。

## 就事论事

**具是三心，则有过斯改，如春冰遇日，何患不消乎？然人之过，有从事上改者，有从理上改者，有从心上改者。工夫不同，效验亦异。**

**如前日杀生，今戒不杀；前日怒詈[1]，今戒不怒。此就其事而改之者也。强**

**制于外，其难百倍，且病根终在，东灭西生，非究竟廓然之道也。**

## 注释

1 詈（lì）：责骂。

## 译文

一个人如果具备了“羞耻心”“敬畏心”“勇猛心”，那么有过错就能悔改，就像春天的冰遇到了太阳那样，怎么会担心消融不了呢？然而，人们所犯的错误，有从具体事情上改正的，有从认清道理而改正的，有从心性修养上改正的。三种方式因功夫有所不同，所以收到的效果也有差异。

例如，前一天还杀害生命，今日就戒除杀生；前一天还因生气而发火骂人，今天就戒除发怒。这些都是因具体事情而改正错误。在外部用强迫的力量来对付过错，这比在内心自觉地防范、改正要难上百倍。而且，犯错误的病根尚未根除，东边消灭了又在西边出现，这不是从根本上廓清问题的方法。

## 解析

“三心”具足，即可有过自消。弄明白了道理，接下来，了凡先生又具体探讨了实际应对的方法：从事上改，从理上改，从心上改。

第一种从事上改，就是对每件事都具体分析，一件一件努力克服。由于每件事都不相同，时间长了改过者会疲于应对。而且，这种改过是在问题出现后才下手，用意志力强行压迫“邪念”，防止自己做出不好的事。虽然勇气可嘉，但是劳心费力，并非上策。俗话说“心病还须心来医”，从内心防范，就好比在各种问题的源头建了一道大坝，主流切断，各个支流自然就水断浪消，难以为害了。

古人分析问题讲究“体”“用”之别。用现在的话来说，“体”是内在本质的东西，“用”是“体”的外在表现。宋代理学家朱熹认为，人要成为圣贤，就必须“致知格物”，即通过穷究各种现象，获得对本体的认知，从而体会至高的天理。而陆九渊则认为，心才是本体，世上无心外之理，无心外之物。人们不必在事事物物上逐一耗费精力，只要“洞彻本心”，掌握了本体的同时，也就掌握了“用”。他认为朱熹的方法过于“支离”，不如自己的简单易行，曾写诗道：“简易功夫终久大，支离事业竟浮沉。”到了明朝，大儒王阳明继承了陆九渊的观点并做进一步发挥。他认为事事物物皆不出吾心，探寻真理，不必在事事物物上推求，只要明白此心，道理自然就会知晓。用现在的话来讲，就是做事情要抓主要矛盾，抓重点问题，不必纠缠细枝末节。

阳明心学在明朝中后期盛极一时，影响广泛。了凡先生笃信佛教，同时也受阳明心学的影响，所以在此将“心法”列为改过的最高阶段。只是，对一般人而言，“心”的概念过于抽象，从心做起也难以入手，所以他在传统“体”“用”之外，又加了“明理”作为沟通二者的桥梁，以此更清楚地说明“体”是如何指导“用”的。而且，为了方便人们理解，他从最初步的“用”讲起，循序渐进，以至顶端。他提出的改过之法“有体有用”，理论联系实践，确实是良方。我们须细心体会，方能明了其中深意。

## 明理在先

**善改过者，未禁其事，先明其理。如过在杀生，即思曰：上帝好生，物皆恋命，杀彼养己，岂能自安？且彼之杀也，既受屠割，复入鼎镬[1]，种种痛苦，彻入骨髓。己之养也，珍膏罗列，食过即空。疏食菜羹，尽可充腹，何必戕彼之生，损己之福哉？**

**又思血气之属，皆含灵知，既有灵知，皆我一体。纵不能躬修至德，使之尊我亲我，岂可日戕[2]物命，使之仇我憾[3]我于无穷也？一思及此，将有对食痛心，不能下咽者矣。**

**注释**

1 鼎镬（dǐng huò）：鼎，古代烹煮用的器物，一般是三足两耳；镬，煮食物的大锅。

2 戕（qiāng）：伤害，毁坏。

3 憾：怨恨。

**译文**

善于改正过错的人，在彻底杜绝错误之前，会先把其中的道理弄明白。例如犯有杀生之过，就想到：上天有好生之德，所有动物都爱惜自己的生命，杀害它们来养活自己，这样做我怎能够心安理得呢？况且这些生灵在被杀害时，既受了屠杀、割戮之苦，又入锅被蒸煮煎炸，无量无边的痛苦，可以说是深入骨髓。为满足自己的口腹之欲，各种山珍海味陈列在餐桌上，美餐之后，下一顿肚子又变得空空如也。粗糙的米饭和菜羹，同样能填饱肚子，又何必杀害生灵以折损自己的福报呢？

再想到凡是有血气的生命，都有灵智，既然和我们人类一样都有灵智，那么都和我们属于同一“本体”。即使我们的道德修养不能提升到最高境界，让他人尊敬我、亲近我，又怎能每天伤害生命，使它们对我抱有无穷无尽的仇恨和怨望呢？一想到这些，当我们面对餐桌上的食物时，就会生起怜悯之心，而不忍心下咽了。

**解析**

了凡先生所说的“理”，简单来说就是在遇到事情时，心里多问个为什么，通过思考而将问题事先解决。以杀生为例，我们要设身处地站在被杀害的动物的立场考虑问题。大家都是生灵，都同样畏死乐生，杀害它们而养活自己实在是令人于心不忍。这一念不忍之心，孟子认为就是“仁爱”的体现，君子扩充此心，推及天下，就能实现王道仁政。

儒家提倡仁者爱人，佛教更是宣扬“万物一体”：所有的生灵都有佛性，都属于同一本体，因此众生本是平等。佛教认为被杀害的生命，死后会有强烈的怨念，而经常杀生的人会感得五种苦果：（1）折损寿命；（2）身体多病；（3）心中常感恐怖；（4）怨仇较多；（5）死后灵魂受苦。改命本是要积德修善，由于杀生有这么多的危害，所以了凡先生将其列为首要戒除的过错。

## 止息怒火

**如前日好怒，必思曰：人有不及，情所宜矜[1]；悖理相干[2]，于我何与？本无可怒者。又思天下无自是之豪杰，亦无尤[3]人之学问，行有不得，皆己之德未修，感未至也。吾悉以自反，则谤毁之来，皆磨炼玉成[4]之地。我将欢然受赐，何怒之有？**

**又闻谤而不怒，虽谗焰熏天，如举火焚空，终将自息。闻谤而怒，虽巧心力辩，如春蚕作茧，自取缠绵。怒不惟无益，且有害也。其余种种过恶，皆当**

**据理思之。此理既明，过将自止。**

## 注释

1 矜：怜悯，怜惜。

2 干（gān）：触犯，冒犯。

3 尤：怨恨。

4 玉成：促成，促进。

## 译文

比如前些天还好发脾气，必须要这样想：别人有做得不够好的地方，从情理上来说都是应该理解和同情的；违背情理和别人争执，对我有什么益处呢？仔细想来，其实并没有什么可发怒的。再想一想，天底下没有自封的英雄豪杰，也没有专门抱怨人的学问，做事情不顺利，都是由于自己德行修养不够而未能感召善果罢了。我们遇到逆境，应该多做自我反省，那么当毁谤袭来的时候，都可以看作是对我们的磨炼，有助于促进自身品行的提升。我将欣然接受这些命运所给予的锻炼，又有什么可发火的呢？

我还听说，面对别人恶毒言语的攻击而不发怒，即便谗言像烈火一样猛烈，也不过类似放火烧毁天空，终将自灭。面对别人的诽谤而大发脾气，就算是费尽心机尽力争辩，其实如同春天的蚕那样作茧自缚。发怒不仅没有什么益处，而且有很多危害。剩下的种种过错，都可依照这个道理思考。如果能明白这个道理，那么过错将自动消止。

## 解析

我们每个人都有发脾气的经历。当怒气上来时，不可遏制，一定要吵闹一番才能发泄；事情过后，往往又追悔莫及。如何才能避免或较少发脾气呢？了凡先生认为可从两方面着手。第一，当别人做得不好时，我们要理解、原谅他人。如果别人由于能力有限或缺乏相关知识而没把事情办好，我们知道了其中的原因，应该对犯错误的人予以理解和同情。

武则天时期的宰相娄师德为人宽厚，别人说他坏话他从不辩驳，也不因此打击报复。一年，他的弟弟被任命为代州刺史，临行之时，娄师德问他：“我现在是宰相，你又任地方官，我们家太过兴旺，会招人嫉妒，你觉得自己应该怎么做呢？”弟弟回答说：“你放心，今后就算有人朝我脸上吐口水，我也不会还嘴，把口水擦去就是了。”娄师德说：“这样还不够啊。人家朝你吐口水，是对你发泄怒气。你把口水擦了，说明你内心不满，会让对方更生气。你要坦然接受，让唾沫自己干了才是。”于是就有了“唾面自干”这个成语。

娄师德教育弟弟要能宽容别人，他自己也是这么做的。有一年，娄师德外调，狄仁傑继任宰相。狄仁傑自恃才华出众，平时一直对娄师德瞧不上眼。有一次，武则天问狄仁傑：“你觉得前任宰相娄师德贤能吗？”狄仁傑回答说：“他平日谁都不得罪，现在担任将领谨小慎微，是否贤能，我不太清楚。”武则天又问：“你觉得娄师德有知人之明吗？”狄仁傑说：“我与他同朝为官，没听说过他知人。”武则天听了，拿出当初娄师德举荐的奏章，对狄仁傑说：“我用你为宰相，就是娄师德举荐的，看来他确实贤能知人啊。”狄仁傑看了奏章，深感惭愧，感叹道：“娄公真是盛德，我被他宽容相待却不知道，我比他差太远了！”

第二，如果是自己的问题，则要多多反思，把困难和挫折当成锻炼的机会。面对突如其来的困难，发火并不能解决问题，冲动反而会使事情变得更糟。曾国藩写过一副对联：“好人半自苦中来，莫图便益；世事多因忙里错，且更从容。”人要有所成就，大多要经历坎坷，没什么便宜可占。人们犯错误，往往是因做事草率，忙中出错，所以要从容面对。

曾国藩年轻时，总想干出一番惊人事业，可是一直没有机会，为此他经常心烦气躁。他认识到自己的问题后，便向理学大家唐鉴请教，唐鉴只送了他一个字——“静”。从此以后，曾国藩几乎每天都要静坐一会儿，待心绪平静后，慢慢琢磨做人做事的道理。以后曾国藩领兵打仗，每逢遇到重大问题，他总要在多番思考、反复权衡之后，才拿出一个稳妥的方案。经过十数年的艰苦锻炼，他最终打败了太平军，赢得最后的胜利。

## 从心改过

**何谓从心而改？过有千端，惟心所造。吾心不动，过安从生？学者于好色、好名、好货、好怒种种诸过，不必逐类寻求。但当一心为善，正念现前，邪念自然污染不上。如太阳当空，魍魉[1]潜消，此精一[2]之真传也。过由心造，亦由心改，如斩毒树，直断其根，奚必枝枝而伐，叶叶而摘哉？**

## 注释

1 魍魉（wǎng liǎng）：神话传说中的山川精怪，此处泛指鬼怪。

2 精一：精纯。

## 译文

什么叫从内心改正呢？数以千计的过错，都是由心造作的。我们若能做到内心不起妄念，过错又怎么会产生呢？有志于学习此法的人，对于贪爱女色、追逐名声、贪求财货、乱发脾气等过错，不必逐一按类别寻找改正的方法。只要一心做善事，心中生起正念，则邪念就自然无法污染我们的心灵。就好比皓日当空，鬼怪自然就不敢出来，这就是最精纯的修心改过的方法。过错由人心造作，同样要从人心改正，比如要斩除毒树，就得直接斩断它的根，何必一枝一枝地砍伐，一叶一叶地摘除呢？

## 解析

在讲述了从事而改、从理而改的方法后，了凡先生最后阐述了改过的最高境界——从心而改。了凡先生受佛教影响，认为人的种种行为都受内心支配，如果内心清净，充满善念，那自然就不起恶念，更遑论造作恶行了。攻其一点则全局皆在掌握之中，这种方法较此前两种更为直接有效。

“心”，现在我们多理解为内心的思想活动。而按照佛教的讲法，心的范围要大得多，总共有眼识、耳识、鼻识、舌识、身识、意识、末那识、阿赖耶识八种。其中第六意识大体相当于我们平常理解的“思维意识”，它能感受、识别前五识的刺激。例如，我们通过眼睛看到一朵花，紧接着大脑里就产生分别：这是一朵红色的花—开得非常旺盛—看到后心里好高兴……受眼识刺激而产生的种种分别，就是第六识的功能。除此之外，即使没有外部刺激，我们心里也总会思前想后，念头活跃不停，这同样也是第六意识的作用，佛教称之为“想”。如果一个人所想十分专注，则会对外界的刺激感受迟钝，甚至完全感受不到。第八识“阿赖耶”意为储藏、能藏，第七识“末那”意为思量，与第六识不同，末那识思量的对象是第八识。人所做的种种善恶行为，都会由末那识抓取，交给阿赖耶识保存。

此处，了凡先生所说的“心”，主要指第六意识。他要求我们的内心应专一善事，对坏事要不为所动。比如，当我们内心专注想一件事情时，即使有人在一旁大声喊叫，我们也会听不见。原因就在于，虽然我们的听觉完好，但意识专注着某件事，对耳识没有产生“分别”。同理，人如果内心时时充满善念，恶念就自然无所作为了。

## 多管齐下

**大抵最上治心，当下清净；才动即觉，觉之即无。苟未能然，须明理以遣之；又未能然，须随事以禁之。以上事而兼行下功，未为失策。执下而昧上，则拙矣。**

**译文**

改过的方法，大致以修心为最上，当下就进入清净无染的境界；当心中的妄念一萌动就立刻察觉，察觉到了，妄念自然消除。如果做不到，就需要通过明白道理来遣除妄念；要是还做不到，那就要根据具体事情来强行禁止。采用上等的办法并同时践行下等的措施，不算失策。如果只知道实行下等的办法而不从根本着手，那就太笨拙了。

**解析**

三种办法虽然效果差异明显，但在实际运用中要互相配合。毕竟，对于普通人来说，念念觉察、时时保持内心清净是不易做到的；就算弄清楚改过修善的道理，实践起来也并非那么容易。这就要求人们在修心、明理的同时，以最笨拙的办法，一件事一件事地去做，多管齐下，方能奏效。

据说在李嘉诚办公室里悬挂着一副清代儒将左宗棠写的对联：发上等愿，结中等缘，享下等福；择高处立，寻平处住，向宽处行。

这二十四个字浓缩了深刻的人生哲理。发上等愿、择高处立，是说人要志存高远；结中等缘、寻平处住，意思是人不可能总是好运连连，大多都是在普通环境中奋斗；享下等福，奋斗可能并不会使人大富大贵，仍是平常生活。向宽处立，就是指人要心胸开阔，不要过于在意得失成败。此句旨在劝人既要心存理想，又要踏踏实实奋斗，不要刻意追求结果。

这副对联可说是左宗棠一生的真实写照。左宗棠是典型的大器晚成，他结婚时由于家里没钱，只好“入赘”妻子家。此后科举之路十分坎坷，年近四十还未考中进士。面对种种挫折，左宗棠一直发奋读书，自称："身无半亩，心忧天下；读破万卷，神交古人。"因此，他对兵学、农学、水利、地理等学问都有深入研究，备受时人推崇。

1850年，林则徐南下途经长沙，与左宗棠在舟中相见。两人彻夜长谈，对治国方略，特别是关于西北军政的见解不谋而合。林则徐对左宗棠说，将来"西定新疆，舍君莫属"，并将自己在新疆整理的资料交给他。后来，阿古柏在新疆作乱，左宗棠此时已是陕甘总督，他亲率大军开赴新疆，通过艰苦作战终于收复失地，维护了国家的统一。战后，左宗棠曾感慨地说："我今日之所以能够对新疆地理了如指掌，对用兵策略有所心得，对农业开垦有所建树，多亏了以前的学习啊！"

## 真诚忏悔

**顾发愿改过，明须良朋提醒，幽须鬼神证明。一心忏悔，昼夜不懈，经一七、二七，以至一月、二月、三月，必有效验。或觉心神恬旷[1]；或觉智慧顿开；或处冗沓[2]而触念皆通；或遇怨仇而回嗔作喜；或梦吐黑物；或梦往圣先贤，提携接引；或梦飞步太虚；或梦幢幡宝盖，种种胜事；皆过消灭之象也。然不得执此自高，画[3]而不进。**

**注释**

1 恬旷：心境安适旷达。

2 冗沓：繁杂。

3 画：此处指画地为牢，阻碍进步。

**译文**

不过要发愿改过的话，明里需要良师益友提醒，暗里需要鬼神证明。一心忏悔，无论昼夜都不懈怠，经过七天、十四天以至一个月、两个月、三个月，必定有效验。或是感觉心境安适，精神愉快；或是感觉智慧突然打开；或是处于繁杂的环境中而心境通达；或是遇到冤家对头而能化愤怒为欢喜；或是梦见吐出黑色的污秽之物；或是梦到历史上的圣贤来帮助指导；或是梦到在天空中漫步行走；或是梦到神佛用的旌旗伞盖，以及各种殊胜的事；这些都是罪恶消灭的征兆。然而不能因此骄傲，阻碍了前进的道路。

**解析**

了凡先生认为，当我们掌握了改过的方法后，还需要身边朋友的监督提醒以及鬼神的证明。此前，了凡先生曾在佛前忏悔，并修持准提咒，他在此所讲的种种梦境，都是修习准提法的效验。

准提尊是佛门知名度非常高的一位菩萨。在唐代开元年间，密教风行，准提菩萨经典、仪轨广为流传。其原因大致有：（1）学习准提法门槛较低。信众不论在家出家，都可以学习。而且，此法允许在家信众不断酒肉、不离妻子修行。（2）功能众多。根据相关经典记载，信众修习准提法能够祛病消灾、延年益寿、求男求女、升官发财……凡是合理的愿望，几乎都能满足。（3）梦境吉兆。修习准提法一段时间后，修行人会做种种梦，预示将来会有殊胜的成就。修习准提法虽然条件宽松，但若要有真实效验，人们也必须得先“诵持满九十万遍”，使无量劫所造的恶业全部消灭方可。而且，信众仍要修持戒行坚固不退，方能证得佛果。

唐代之后，准提法逐渐成为佛教通行的法门，时常用来教化在家居士。云谷禅师传授准提咒给了凡先生，正是为了帮助他消除恶业，清净身心，圆满诸愿。大多数人生活在红尘之中，有七情六欲是很正常的，毕竟不能让所有人都出家当和尚或尼姑。人的欲望不论大小，若得不到满足就会产生痛苦，而纯粹“禁欲”式的修行较难普及。准提法兼具入世、出世双重功效，故而普通人更易于接受。

## 奋发自新

**昔蘧伯玉[1]当二十岁时，已觉前日之非而尽改之矣。至二十一岁，乃知前之所改未尽也；及二十二岁，回视二十一岁，犹在梦中。岁复一岁，递递[2]改之，行年五十，而犹知四十九年之非。古人改过之学如此。**

**吾辈身为凡流，过恶猬集；而回思往事，常若不见其有过者，心粗而眼翳**

**也。然人之过恶深重者，亦有效验：或心神昏塞，转头即忘；或无事而常烦恼；或见君子而赧然[3]相沮；或闻正论而不乐；或施惠而人反怨；或夜梦颠倒，甚则妄言失志；皆作孽之相也。苟一类此，即须奋发，舍旧图新，幸勿自误。**

## 注释

1 蘧伯玉：春秋时期卫国的大夫，名瑗，与孔子是同时代人。他是卫国有名的贤人，为人十分正直，善于反省自新，深得卫灵公的信赖。

2 递递：连续不断。

3 赧然（nǎn rán）：难为情，羞愧的样子。

## 译文

春秋时期的蘧伯玉，他在二十岁的时候，已经觉得往日的过错全都改正了。到二十一岁，才知道之前的错误并没有改完。等到二十二岁，回过头来看自己二十一岁时的表现，如在梦中一样。年复一年，他不断改正错误，直到五十岁时，还能够知道四十九岁时的过错。古人改过的功夫就是这样认真有恒。

我们作为普通人，身上的过错多如刺猬身上的刺；回首反思以往的事，经常像是看不到自己有什么过错，这是因为我们太粗疏大意，对错误有意无意视而不见所致。罪过深重的人，也有种种表现：或是心智昏聩，记忆力很差，事情转头就忘；或是没事而时常感到烦恼；或是见到正人君子就羞愧沮丧；或是听闻正义的言论就不高兴；或是给予别人恩惠反而遭到怨恨；或是晚上做混乱的梦，甚至失去心智胡乱讲话；这些都是作孽带来的表现。如果有上述一类情况出现，那就应该发奋努力，勇于改过自新，千万不要耽误了自己。

## 解析

蘧伯玉是春秋时期卫国的贤大夫，以善于改过著称。孔子在卫国时，曾数次拜访他。有一天，蘧伯玉派人来探望孔子，孔子向使者询问蘧伯玉的近况。使者说："蘧伯玉大夫最近一直在努力减少自己的缺点，但却苦于做不到。"来人走后，孔子对弟子说："这是了解蘧伯玉的人啊。"

蘧伯玉每天都会思考前一天所犯的错误，力求使今日之我胜于昨日之我，日复一日，年复一年，到了五十岁，他仍然在思考之前所犯的过错。

由于长期反省改过，蘧伯玉的操守备受时人的推崇。有一天夜晚，卫灵公和夫人南子一同坐在宫里，忽然听见有马车过来的声音。等车到了大门口，就不响了。南子说:“我猜这辆车子上坐着的人一定是蘧伯玉。”卫灵公问:“你怎么知道是他呢?”南子回答说:“从礼节上讲，做臣子的，走过君上的大门口，一定要下车；看见君上的马车，也一定要行礼，这些都是尊敬君上的行为。作为君子，不会因为身在没人看见的地方，就改变他的品行。蘧伯玉是个贤人，他平日服侍君上尽合乎礼，此人一定不会在无人之处失礼的。”于是，卫灵公就派人去察看，发现果然是蘧伯玉。

# 叁

# 积善之方

## 导读

了凡先生讲完改过之法后，接下来讨论如何积德行善。本章分两部分，作者在第一部分先列举了十个行善事例，然后由此出发，又将行善按照性质细分为八类。

（1）真假：所做善事，凡是一心为公，利益大众的是真善；完全自私自利则是伪善。（2）端曲：做事目的在于媚世趋俗、玩世不恭的是邪曲，纯是爱人、敬人的是端正。（3）阴阳：做好事不让人知道属于阴德；大肆宣扬，名不副实是阳善。（4）是非：虽然一时善事做得不够圆满，但长远来看会产生很好的影响，这么做也是正确的。所做之事即便一时有很好的效果，但长远看却会产生不良后果，那这么干就是错误的。（5）偏正：为善是正，为恶是偏，而好心办坏事则属于正中偏，坏心办好事则是偏中正。（6）半、满：行善能够善始善终，考虑周到且长远，又不因此沾沾自喜、自以为是则是圆满。反之则为半满。（7）大小：所作所为志在为国为民，则是大善；若只为个人考虑则是小善。（8）难易：做事先难后易，从困难的下手以锻炼自己的能力和毅力，这是难；自身条件优越，财力雄厚，行善难度不大，这是易。

第二部分，在分辨清楚善行的性质后，了凡先生又一连列举了十种具体行为：与人为善、爱敬存心、成人之美、劝人为善、救人危急、兴建大利、舍财作福、护持正法、敬重师长、爱惜物命。

# 福泽后世

**《易》曰："积善之家，必有余庆。"昔颜氏[1]将以女妻叔梁纥[2]，而历叙其祖宗积德之长，逆知[3]其子孙必有兴者。孔子称舜之大孝，曰："宗庙飨之，子孙保之。"皆至论也，试以往事征之。**

## 注释

1 颜氏：孔子母亲所在的颜氏家族。

2 叔梁纥：生于春秋时期宋国栗邑（今河南省商丘市夏邑县），为逃避宋国战乱，流亡到鲁国昌平陬邑（今山东省曲阜市）。他是孔子的父亲，博学多才，能文善武，曾官陬邑大夫。

3 逆知：预知。

## 译文

《易经》上说："积善的家族，必定有福泽遗留给后人。"从前，颜氏在把女儿嫁给叔梁纥时，先历数了叔梁纥祖先所积累的长久的福德，预知他的子孙后代必定能兴旺发达。孔子称赞舜的孝行时说："舜不仅被后世当作圣贤在宗庙中祭祀，子孙后代也能长久地供奉保护他。"这些都是精辟的道理，我就试举一些古人的例子来验证。

## 解析

古人信仰祖先，凡是交了好运，总习惯说"祖宗积德""祖坟冒青烟"。早在殷商时期，商人就通过祭祀以祈求祖先消灾降福。到了周代，祖先崇拜加入了浓厚的道德因素：人们积德行善获得的福报，除了当世受益，还会遗泽后人；同样，做了坏事也会给后人带来坏的影响。

叔梁纥是孔子的父亲，其家族本是宋国殷商贵族后裔，后迁至鲁国。叔梁纥是鲁国著名的勇士。有一年，晋国召集诸侯联军攻打偪阳城，叔梁纥随鲁军参战。在攻城时，偪阳人为诱敌入城，故意把城门打开，放一部分人进去，再突然放下闸门，将攻城的军队拦腰截断。就在闸门将要落下的瞬间，叔梁纥飞步上前，用双手托起闸门，使攻进城的鲁军及时撤了出来。鲁国大臣孟献子听说后，称赞他力气像老虎一样大。

据说叔梁纥有多个女儿，没有儿子。他的妾生了个儿子，腿脚有毛病，走路一瘸一拐，不能继承家业。于是，叔梁纥便向鲁国颜氏求婚。颜氏对三个女儿说：“陬邑大夫叔梁纥的父祖辈虽然都只是士，但他们家却是商朝贵族的后裔，家风严谨，礼数周备，名声显著。而且叔梁纥身材魁梧，勇猛过人，我希望能与他联姻。不过，他年纪较大且性情急躁，不知你们三个谁能嫁给他做妻子呢？”大女儿和二女儿都没有答应，小女儿颜徵在对父亲说：“我愿听从父亲的安排，嫁给这个勇士。”

颜徵在后来生了孔子，可能是遗传原因，孔子跟父亲一样，身材高大，力气过人。《吕氏春秋》记载：“孔子之劲，举国门之关。”关是指城门的门闩，通常用一根巨大的横木做成；能举国门之栓，力气可以说非常大了。与后世的文弱书生不同，身为儒家创立者的孔子，可以说是一位文武双全的大丈夫。

## 拯救溺亡

**杨少师荣[1]，建宁人，世以济渡为生。久雨溪涨，横流冲毁民居。溺死者顺流而下，他舟皆捞取货物，独少师曾祖及祖，惟救人，而货物一无所取，乡人嗤其愚。逮少师父生，家渐裕，有神人化为道者，语之曰：“汝祖父有阴功，子孙当贵显，宜葬某地。”遂依其所指而窆[2]之，即今白兔坟也。后生少师，弱冠登第，位至三公；加曾祖、祖、父，如其官。子孙贵盛，至今尚多贤者。**

**注释**

1 杨少师荣：杨荣，字勉仁，福建建宁人（《明史》记载为建安人）。明初著名政治家，因辅佐太子朱高炽有功，被封为太子少傅，后官至内阁首辅（相当于宰相），加封少师。

2 窆（biǎn）：下葬。

**译文**

少师杨荣是福建建宁人，其家世代以渡船为生。某年下了很长时间的雨，溪水暴涨，洪水泛滥冲毁了民居。淹死的人顺流漂下，别的船都打捞财物，唯独少师的曾祖和祖父只顾救人，对漂来的财物分毫不取，同乡人都嘲笑他们愚笨。等到少师的父亲出生时，家里渐渐富裕起来。一天，有神仙化为一名道士，对他父亲说："你的祖父积累了阴功，后世子孙当出大官，应该把先人安葬在某地。"于是他父亲就在道士指示的地方营造了墓地，就是现在的白兔坟。之后，少师出生，二十几岁就考中了进士，官至内阁首辅，位极人臣；朝廷又追封他的曾祖、祖父、父亲以同样的官职。杨少师的子孙后代一直都繁荣兴盛，至今还有很多贤人。

**解析**

杨荣是明朝著名大臣，一生先后辅佐成祖、仁宗、宣宗、英宗四位皇帝，被誉为"四朝元老"。杨荣为人机敏，遇事沉着，善于决断，深受皇帝的器重。明太祖朱元璋定都南京，燕王朱棣继位后，北方游牧民族时常南下入侵边境，为了从根本上解决北部边患，朱棣决定迁都北京。由于朝廷中多数官员家在南方，他们不愿背井离乡，因此朝廷中反对迁都的声音此起彼伏，朱棣也一筹莫展。这时，杨荣看到迁都对巩固国防的重要性，挺身而出，坚决支持迁都，他说："北京地处幽燕，左边大海环绕，右边有太行山作为屏障，对内连接中原，对外遥控草原，自古就是战略要地，兴建都城再合适不过。"

朱棣迁都北京后，曾先后五次讨伐北方蒙古部落。由于连年用兵，国库空虚，百姓生活困苦。在第五次北伐时，明军俘获了很多蒙古部落民众。一天，朱棣梦到天神对自己说："上天有好生之德，再打仗恐怕不会有好结果。"因此，朱棣便有些犹豫，杨荣乘机劝谏说："陛下兴兵是为了天下黎民百姓能过上安稳生活，再打下去恐怕两败俱伤，希望您能留意。"朱棣领悟了杨荣的意思，便赦免了各部落的人，不久班师回朝。

在回去的路上，朱棣突然病逝，随从的文武大臣不知所措，慌成一团。关键时刻，杨荣再次挺身而出，他认为大军离北京尚远，为防止军心涣散，应秘不发丧。为保存皇帝龙体，可用金属打造一只圆桶，将遗体装在桶内密封，同时仍命侍从每天照常进膳。果然，明军上下都无人察觉皇帝已驾崩，大军顺利回到北京。回京后，杨荣等人立即向太子朱高炽报告情况，建议太子当尽快即位。由于杨荣处置得当，朝廷政权平稳交接，政局未发生丝毫骚动。

# 体恤囚犯

**鄞[1]人杨自惩，初为县吏，存心仁厚，守法公平。时县宰严肃，偶挞一囚，血流满前，而怒犹未息。杨跪而宽解之。宰曰："怎奈此人越法悖理，不由人不怒！"自惩叩首曰："上失其道，民散久矣，如得其情，哀矜勿喜；喜且不可，而况怒乎？"宰为之霁颜[2]。**

**家甚贫，馈遗一无所取，遇囚人乏粮，常多方以济之。一日，有新囚数人待哺，家又缺米；给囚则家人无食，自顾则囚人堪悯。与其妇商之，妇曰："囚从何来？"曰："自杭而来，沿路忍饥，菜色可掬。"因撤己之米，煮粥以食囚。后生二子，长曰"守陈"，次曰"守址"，为南北吏部侍郎；长孙为刑部侍郎[3]；次孙为四川廉宪[4]，又俱为名臣。今楚亭、德政，亦其裔也。**

## 注释

1 鄞（yín）：今浙江省宁波市鄞州区。

2 霁颜：和颜悦色。

3 侍郎：尚书的副职，相当于现在的副部长。

4 廉宪：即廉访使，主管地方监察。

## 译文

宁波鄞州人杨自惩，早先做县吏时，为人仁爱宽厚，遵纪守法，办事公平。当时县令执法严厉，有次鞭打一名囚犯，打得他血流满地，而县令的怒火犹未平息。于是杨自惩就跪下宽慰劝解。县令说："怎奈何此人所做伤天害理，有违王法，不能不叫人发怒！"自惩叩头答道："在上者治理无方，民心涣散已经很久了，如果知道案件的真实情况，就应该怜悯犯人，而非因此高兴；高兴尚且不可，何况发怒呢？"县令听了他的陈述，脸色和悦起来。

自惩家里十分贫困，对于别人的馈赠却一无所取，遇到囚犯缺乏米粮，常常想方设法予以接济。一天，有几位新来的犯人尚未吃饭，自惩家正好又缺米；给犯人吃则家人就没有吃的，自家留着，则犯人饿着肚子也挺可怜的。他与妻子商量此事，妻子说："囚犯是从哪里来的？"自惩说："是从杭州来的，他们一路上忍饥挨饿，脸都饿得发黄。"于是他们就把自己吃的米拿出来，煮成稀饭给囚犯吃。之后，杨家生了两个儿子，长子叫"守陈"，次子叫"守址"，官至南北吏部侍郎；长孙官至刑部侍郎；次孙官至四川廉访使，都是一代名臣。现在的楚亭和德政二公，也是他们的后代。

解析

在人治社会，长官对犯人握有生杀大权，不少官员出于私愤而对犯人动用大刑。杨自惩作为县吏，能够体恤囚犯，向上司陈情，可谓忠于职守。他自己家虽然贫困，但为了周济囚犯，宁愿自己和家人吃不饱，更是仁慈博爱。

杨守陈为人正直和顺，颇有乃父之风。他中进士后曾担任太子洗马（xiǎn mǎ）一职，负责太子读书学习等事。一次他回家探亲，途中暂住在驿站里。驿丞看了他的名帖，就说："你是负责给太子洗马的，那一天能洗多少匹啊？"杨守陈随口回答："如果勤快的话可以多洗几匹，如果懒惰的话就少洗几匹，没有一定数目。"过了一会儿，有人报告说御史大人马上要到了，驿丞就催促杨守陈让出上等房间。守陈说："等他来了，我再让也不迟。"恰巧，这位御史曾经是守陈的门生，见到他就下跪问安。驿丞见状，慌忙趴在台阶下，百般乞怜，守陈呵呵一笑，并不跟他计较。

杨守址是杨自惩的次子，官至吏部侍郎。由于长兄杨守陈、从弟杨守随与杨守隅、侄杨茂元均为进士出身，系出同门，故杨家有"一门五进士"之称，一跃成为当地的名门望族。看来，上天对杨自惩的回报也是相当丰厚啊！

## 爱护百姓

**昔正统间，邓茂七倡乱于福建，士民从贼者甚众。朝廷起鄞县张都宪[1]楷南征，以计擒贼，后委布政司[2]谢都事，搜杀东路贼党。谢求贼中党附册籍，凡不附贼者，密授以白布小旗。约兵至日，插旗门首，戒军兵无妄杀，全活万人。后谢之子迁，中状元，为宰辅；孙丕，复中探花。**

注释

1 都宪：明代对御史的尊称。

2 布政司：明代主管一省民政、财政的官员。

## 译文

以前在正统年间，邓茂七在福建造反，很多老百姓都参加了叛乱。于是朝廷起用鄞县人御史张楷，让他到南方征讨贼寇。张楷用计谋捉拿反贼，之后委派布政司谢都事，搜查剿杀东路的反贼。谢公找到叛贼结党的花名册，凡是没有依附反贼的，秘密授予白布做的小旗子。谢公与他们约定，等官军到了，把旗子插在门口，并严令士兵不可滥杀无辜，此举拯救了上万人的性命。之后，谢公的儿子谢迁中了状元，做到了宰相；孙子谢丕，又中了探花。

## 解析

“上天有好生之德”，滥杀无辜的人往往都没什么好下场。明朝中后期，军队纪律败坏，官兵多滥杀平民充数以邀功请赏。谢公作为统兵打仗的将领，能够爱护百姓，实属难得！

谢公的儿子出生时，正值家里购得新房，所以为其取名为迁。少年时，谢迁曾在一富户家做私塾先生。主人家的女儿年轻貌美，见谢迁仪表俊美又博学多才，爱慕之情油然而生。有一次趁父母不在家，她主动向谢迁表白。谢迁不但没有沾沾自喜，反而义正词严地劝导少女：“小姐你尚未出嫁，应当洁身自爱。你单独来找我，若让别人知道了，难免风言风语，令你父母蒙羞。如果以后遇到轻薄之徒，使你丧失贞节，那更将终生蒙垢，全家都无颜面。我敬重的是端庄贤淑的姑娘，而不是轻佻之人。请你速速离去，今后务必要注意自己的言行。”

谢迁此后参加考试，高中状元，后来在弘治朝成为宰相。他秉公执政，办事坚持原则，为人光明磊落，被世人誉为“贤相”。明武宗时期，宦官刘瑾权倾朝野，排斥忠良。谢迁多次向皇上陈情，要求诛杀刘瑾。刘瑾对谢迁怨恨不已，就唆使手下诬陷谢迁结党营私，并假传圣旨撤销了皇帝给谢迁的赏赐。当时，人们都为谢迁的安危感到担忧，然而谢迁仍与人下棋赋诗，镇定自若。他不待刘瑾动手，自己就主动请辞。后来刘瑾被诛杀，嘉靖皇帝登基，谢迁又被起用。年迈多病的他写下“虽残伏枕还忧国”的诗句，忧国之情溢于言表。

# 好善乐施

**莆田林氏，先世有老母好善，常作粉团施人，求取即与之，无倦色。一仙化为道人，每旦索食六七团。母日日与之，终三年如一日，乃知其诚也。因谓之曰：吾食汝三年粉团，何以报汝？府后有一地，葬之，子孙官爵，有一升麻子之数。其子依所点葬之，初世即有九人登第，累代簪缨甚盛。福建有“无林不开榜[1]”之谣。**

## 注释

1 开榜：考试后公布录取者名单。

## 译文

在莆田林氏的先人中，有一位老太太好做善事，常常做粉团施舍人，有人索取就给，从来没有厌烦。有一位神仙变化为道士，每天早上都索要六七个粉团。老太太天天给他吃，前后共三年，态度就像第一天那样，始终没有厌烦。于是，神仙就知道她做善事是十分虔诚的。就对她说：“我吃了你三年的粉团，如何来报答你呢？你家屋后有一块地，死后可安葬在那里，子孙当官的人，有一升芝麻那么多。”老太太死后，儿子依照道士指定的地方安葬了她，结果家里第一代就有九人考中功名，以后历代都有很多当官的人，家族十分兴盛。以至现在福建流传有“没有林家人考中，考榜就不能公布”的民谣。

## 解析

林氏是福建的大姓，明清时期出了很多人才。当时人把林家兴旺的原因归功于林家祖上的一位老太太，由于她获得仙人的指点得到一块风水宝地，因此家族长期兴旺不衰。这个故事虽然是出于杜撰，但了凡先生想借此说明行善贵在心诚。所谓“精诚所至，金石为开”，只有保持一颗真诚之心，做事才能够有所收获。

程颐是北宋时期的著名学者，经常有人登门拜访。一天，杨时和游酢慕名前来请教。两人到了程颐家门口，看门的童子对他们说：“我家先生正在午睡，二位请跟我进来，可以在书房等候。”他们怕进去后会吵醒老师，于是就恭恭敬敬地站在门外等候。当时正值寒冬，突然天色阴了下来，空中飘起了鹅毛大雪。

不一会儿，两人身上就积了厚厚的一层雪，远远望去，就像两个雪人立在那里。杨时和游酢在雪里站着，一直等程颐午睡醒来。童子急忙向他禀报："有两个人前来拜访，见先生休息不敢打扰，现在还在门外等候。"程颐听了很惊讶，出门一看，雪已经下了一尺深，于是赶忙让童子请他们进来。程颐被他们诚恳的求学态度和尊师重道的精神打动，于是对他们知无不言，言无不尽，倾囊相授。

此后，人们便用"程门立雪"这个成语，来称赞那些诚恳求学、尊师重道的学子。求学如此，行善也应如此。推而广之，做任何事都应该有这种诚恳的态度。

## 救人危难

**冯琢庵太史[1]之父为邑庠生，隆冬早起赴学，路遇一人，倒卧雪中，扪之，半僵矣。遂解己绵裘衣之，且扶归救苏。梦神告之曰："汝救人一命，出至诚心，吾遣韩琦[2]为汝子。"及生琢庵，遂名"琦"。**

**注释**

1 太史：明清时期，修史之事由翰林院负责，故称翰林为太史。

2 韩琦：北宋政治家，曾官至宰相，为一代名臣。

**译文**

冯琢庵翰林的父亲为县学生时，有一年冬天早早地起来上学，路上遇到一个人倒在雪地里，用手摸他，已经冻得半僵了。于是冯生就解开自己的皮衣给他穿上，并且把他扶回家，将其从昏迷中抢救了过来。他晚上梦见神仙告诉自己："你救人一命，完全是出于至诚之心，我派遣韩琦做你的儿子。"等到琢庵出生，就给他取名为"琦"。

**解析**

冯琦的父亲曾救人一命，而天神派北宋的韩琦转世投胎做他的儿子，这个故事颇富传奇色彩。韩琦自幼父母双亡，由兄长抚养长大。考中进士后，他最初担任谏官，不怕得罪人，敢于讲真话。当时自然灾害频发，大批百姓流离失所，而宰相王随、陈尧佐以及参知政事（副相）韩亿、石中立却束手无策。韩琦接连上书，弹劾四人庸碌无能，痛陈流民可能引发的社会危机。结果四人同日罢官，韩琦之名轰动京师。此后因北宋和西夏战争不断，他又与范仲淹驻守陕西，两人同心协力，互相声援。两人守卫边疆时间长久，声誉日隆。当时流传一首歌谣："军中有一韩，西夏闻之心胆寒。军中有一范，西夏闻之惊破胆。"

因守边有功，韩琦入朝升为宰相。他首先遇到的一个大问题便是立储。当时，宋仁宗连丧三子，心情抑郁，又因患病无法上朝，而太子又一直未立，朝廷内外一片忧虑。韩琦作为宰相，对立太子之事十分关心，他趁皇帝心情好转之时提出建议，希望皇帝能以天下为重，不要一心期待后宫能再生皇子，而置祖宗江山于不顾。在韩琦的劝说下，宋仁宗终于下定决心，正式立堂兄的儿子为皇太子。第二年，宋仁宗就去世了。当时人都称赞韩琦能直言不讳，太子才得以确立。韩琦虽然有定策之功，但他从不对外炫耀此事。

与韩琦相似的是，了凡先生所说的"冯琦"也是位敢于直言的大臣。他曾向皇帝上疏痛陈官场腐败风气，指出"士大夫精神不在政事，国家之大患也"。他列举了官员徇私舞弊、贪赃枉法的种种表现，并提出治理腐败的具体措施，建议皇帝罢黜尸位素餐者，调查贪赃犯法者并处以刑罚，绝不能姑息养奸。可能是由于二人行事风格比较类似，当时人才认为冯琦是韩琦转世吧。

## 全人贞节

**台州应尚书，壮年习业于山中。夜鬼啸集，往往惊人，公不惧也。一夕闻鬼云："某妇以夫久客不归，翁姑逼其嫁人。明夜当缢死于此，吾得代矣[1]。"公潜卖田，得银四两，即伪作其夫之书，寄银还家。其父母见书，以手迹不类，疑之。既而曰："书可假，银不可假，想儿无恙。"妇遂不嫁。其子后归，夫妇相保[2]如初。**

**公又闻鬼语曰："我当得代，奈此秀才坏吾事。"傍一鬼曰："尔何不祸之？"曰："上帝以此人心好，命作阴德尚书矣，吾何得而祸之？"应公因此益自努励，善日加修，德日加厚。遇岁饥，辄捐谷以赈之；遇亲戚有急，辄委曲维持；遇有横逆，辄反躬自责，怡然顺受。子孙登科第者，今累累也。**

## 注释

1 按照迷信的说法，吊死鬼需要找到替身才能投胎。

2 相保：长相厮守。

## 译文

台州的应大猷尚书，年轻时在山里研习学业。每到晚上，群鬼呼啸聚集，往往惊吓到人，但应公丝毫不畏惧。一天晚上，他听到鬼说："某妇人因为丈夫长期在外不回来，公公婆婆就逼她改嫁，她不愿意，明天晚上当在此处上吊而亡，这样我就能找到人代替了。"应公听闻后，私下把田卖掉，得了四两银子，就伪造一封妇人丈夫的书信，并把银子一起寄给他家。他的父母看到了信，因为觉得手迹与儿子的不一样就起了疑心。过一会儿说："书信可能是假的，银子不可能是假的，想来儿子在外应该没什么事。"于是，这个妇女就不再出嫁。他们儿子后来回到家，夫妇二人又像之前那样厮守在一起。

一次，应公又听到鬼在谈话："我本来能找到替身的，奈何这个秀才坏了我的好事。"旁边一鬼说："你为什么不祸害他呢？"那个鬼回答说："上帝以此人心地善良，积累了阴德，命里该做尚书的，我怎么能害得了他呢？"应公因此更加努力，天天都做善事，道德日益淳厚。遇到饥荒，就捐粮赈灾；遇到亲戚有急难的事，就想方设法予以帮助；遇到突如其来的困难和逆境，就主动检讨自己的过错，心平气和地面对。他的子孙考中功名的，至今连绵不绝。

## 解析

应大猷为了保全女子的贞洁而不惜自卖田产，能做到舍己为人，十分难得。女子改嫁，在现代人看来是再平常不过的事。可是在传统社会，人们对妇女贞洁的要求格外苛刻。早在战国，就有"忠臣不事二君，贞女不更二夫"的说法，到了宋代，道学先生更是宣称"饿死事小，失节事大"。女子改嫁，会被认为是失去了贞洁，当事人常受到社会的歧视和冷遇。

在讲究"三从四德""三纲五常"的旧社会，女子一旦出嫁，基本上失去了个人自由，成为丈夫的附庸。例如，鲁迅笔下的祥林嫂就曾两次嫁人。她早年嫁给比自己小十岁的丈夫，丈夫死后，婆婆要把她卖掉。祥林嫂为守节，就逃了出来，在鲁四爷家做用人。然而好景不长，新年刚过，祥林嫂的婆婆一家突然来到鲁镇，强行带走了祥林嫂。虽然祥林嫂也曾以死相拼，但最终还是被嫁了出去。不幸的是，厄运又一次降临在祥林嫂身上：先是丈夫死于风寒，接着儿子阿毛又被狼叼走。为了生计，祥林嫂又一次来到鲁老爷家做工。但是这一次，鲁四爷认为祥林嫂改嫁伤风败俗，就不再让她准备祭祀贡品。祥林嫂精神备受打击，最终还是被逐出了鲁家，流落街头，凄惨而终。

可以想见，如果应大猷不出手搭救，那女子只有死路一条，就算不死而改嫁，结局也未必很好。应大猷由于经常帮助他人，救人危急，因此德行日渐淳厚，积累了深厚的福报，最后做到了尚书。

## 广兴布施

**常熟徐凤竹栻，其父素富，偶遇年荒，先捐租[1]以为同邑之倡，又分谷以赈贫乏。夜闻鬼唱于门曰："千不诓[2]，万不诓，徐家秀才，做到了举人郎。"相续而呼，连夜不断。是岁，凤竹果举于乡。其父因而益积德，孳孳[3]不怠，修桥修路，斋僧接众，凡有利益，无不尽心。后又闻鬼唱于门曰："千不诓，万不诓，徐家举人，直做到都堂[4]。"凤竹官终两浙巡抚。**

### 注释

1 捐租：免去田租。

2 诓：说假话骗人。

3 孳孳（zī zī）：勤勉的样子。

4 都堂：明代称都察院长官都御史、副都御史、佥都御史为都堂。又派遣在外的总督、巡抚，带有御史衔者，也可称都堂。

### 译文

常熟的徐栻先生，号凤竹，他父亲一向很富有，偶尔遇到灾荒年月，他就率先免去农户的田租，以此来倡导全城人赈灾，此外他还分出粮食来赈济穷人。一天夜里，他听到鬼在大门口唱道："千不诓，万不诓，徐家秀才，做到了举人郎。"接着其他鬼也跟着呼号，一连几夜都不断绝。这一年，凤竹果然考中了举人。他父亲因此更加努力地积累德行，孜孜不倦，修桥铺路、给僧人布施斋饭、接待来往的出家人，凡是有益于他人的事，没有不尽心的。之后他又听到鬼在大门口唱道："千不诓，万不诓，徐家举人，一直做到都堂。"凤竹最后果然官至两浙巡抚。

解析

徐父因赈济穷人而积累阴德，儿子由秀才至举人，最后考中进士做了大官。徐栻为官清廉，勤于政事，并"崇尚节俭，以身先之"。他的后人到了第三代，仍出了不少秀才。徐家经过三代发展，已经是当地的大家族，人们称呼徐家居住的乡镇为"徐市"。

徐栻有一个孙辈叫徐汝让，他虽也是读书人，但行为放荡，经常惹乱子。一年冬天，徐汝让在屋里烤火，火星溅在杂物上很快燃起了火苗。他不仅不救火，反而觉得新鲜好玩。不一会儿，火势就蔓延开来。徐汝让跑出来，见众人前来扑救，他高声阻拦："大家都别动，这么大的火烧起来难得一见，咱们且先看看。"徐少爷任性地看了个够，等火灭后，大半个镇子已经化为灰烬。这时，徐公子才回过神来。镇上的人问他为何不让救火，他悻悻地说："为了烧灰卖"。徐市从此就流传有"徐三败，拆屋烧灰卖"一句俗语。由于徐家后继乏人，后来县令以乡镇名用一家之姓，有失公允为由，改徐市为"里睦"。

民间常说"富不过三代"，圣人也说"君子之泽，五世而斩"。祖先含辛茹苦积累的家业，如果后人不加爱惜，经过几代也就消耗殆尽了。

## 有功弗居

**嘉兴屠康僖公[1]，初为刑部主事，宿狱中，细询诸囚情状，得无辜者若干人。公不自以为功，密疏其事，以白堂官[2]。后朝审[3]，堂官摘其语，以讯诸囚，无不服者，释冤抑十余人。一时，辇下[4]咸颂尚书之明。公复禀曰："辇毂之下，尚多冤民，四海之广，兆民之众，岂无枉者？宜五年差一减刑官，核实而平反之。"尚书为奏，允其议。时公亦差减刑之列，梦一神告之曰："汝命无子，今减刑之议，深合天心，上帝赐汝三子，皆衣紫腰金。"是夕夫人有娠，后生应埙、应坤、应埈，皆显官。**

## 注释

1 屠康僖公：即屠勋，长期担任司法官员，为人刚正不阿，执法严明，官至刑部尚书，死后谥号“康僖”。

2 堂官：明代对六部主管官员尚书、侍郎的别称。

3 朝审：明清时期，朝廷派员复审死刑案件的一种制度。每年霜降后，三法司（刑部、都察院、大理寺）把已判死刑尚未执行的囚犯的犯罪情节，摘要制册，送九卿各官详审，分列“情实”“缓决”“可矜”“可疑”等类，再上呈皇帝裁决。

4 辇下：辇毂（niǎn gǔ）下的简称，辇毂是皇帝出行用的车子，此处代指京城。

## 译文

嘉兴的屠勋公，谥号康僖。起初在刑部任主事，为了解狱情，他常常留宿在监狱中，详细询问囚犯的情况，发现有若干人是无罪被冤枉的。屠公没有把这当作自己的功劳，而是写了份秘密报告呈交给尚书。此后朝廷会审时，尚书就摘取报告里的内容来审讯囚犯，没有不服从判决的，结果有十几人的冤屈得以消除。一时间，京师都称颂尚书执法英明。屠公又禀告说：“天子脚下还有这么多被冤枉的百姓，天下这么大，民众这么多，难道没有冤枉的人吗？所以应当每五年派一批减刑官，到各地核实案情并平反冤假错案。”尚书将此建议上奏朝廷，皇上批准了这个奏议。当时屠公也被派为减刑官，曾梦到一位神仙告诉他：“你命里本该无子，如今你所提的减免刑罚的建议，深合天心，上帝赐给你三个儿子，将来都会享受高官厚禄。”这天晚上，他夫人就怀孕了，此后相继生下应埙、应坤、应埈三个儿子，都做了大官。

## 解析

屠勋秉公办事，努力减少冤狱，可谓忠于职守，爱民如子。更难能可贵的是，他主动将功劳归于上司，毫无骄矜之态。《老子》讲：“生而不有，为而不恃，功成而弗居。”遵循“道”的人，并不占有万物，有所成就但不自恃，有了功劳而不居功自傲。历史上，凡是居功自傲的人，大多都没好下场；而能急流勇退，推功与人的，不少生前平安和顺，身后流芳百世。

官渡之战时，曹操兵少粮乏，袁绍的谋士许攸临阵叛逃曹营。他建议曹操偷袭袁军的粮仓——乌巢，结果曹军大获全胜。此后，许攸跟随曹操平定了河北立下大功。许攸为人傲慢无礼，对曹操手下的文臣武将都不放在眼里。而且，他还屡次轻慢曹操，每次出席宴会，都直呼曹操小名，说：“阿瞒，要是没有我，你可得不到河北啊。”曹操表面上虽笑语应答，但心里却很不痛快。一次，许攸出城门时对身边人说：“这家人要是没有我，根本就进不了门。”后来，有人向曹操告发许攸，于是许攸被收押，最终被杀。

同样是功臣，汉代的张良则智慧得多。张良辅佐刘邦打败了项羽，事后论功行赏，刘邦令张良挑选当时最富庶的齐国三万户为封邑。张良推辞说：“我当初与大王相会，乃是天意使然。您能采用我的计策，我已经很满足了。我也只是运气好，所幸出的计谋大多都实现了。三万户实在是不敢当，我只要留地一万户就足够了。”刘邦死后，吕后专政，执意要张良继续辅佐她。张良感慨说：“我起初只是个平民百姓，以三寸不烂之舌为帝王师，封侯万户，已经是极为尊贵了。我没有什么不满足的，现在只想隐居休养，不再过问世事。”此后，张良闭门度日，得以善终。

## 尊佛敬法

**嘉兴包凭，字信之，其父为池阳太守，生七子，凭最少。赘[1]平湖袁氏，与吾父往来甚厚。博学高才，累举不第，留心二氏[2]之学。一日东游泖湖，偶至一村寺中，见观音像，淋漓露立，即解橐[3]中得十金，授主僧，令修屋宇。僧告以功大银少，不能竣事。复取松布四匹，检箧中衣七件与之，内纻褶[4]，系新置，其仆请已之。凭曰：“但得圣像无恙，吾虽裸裎何伤？”僧垂泪曰：“舍银及衣布，犹非难事。只此一点心，如何易得？”后功完，拉老父同游，宿寺中。公梦伽蓝来谢曰：“汝子当享世禄矣。”后子汴，孙柽芳，皆登第，作显官。**

注释

1 赘：入赘，做上门女婿。

2 二氏：指佛教、道教。

3 橐（tuó）：口袋。

4 纻褶：麻布做成的长袍。

译文

嘉兴人包凭，字信之，他父亲是池阳知府，生了七个孩子，他是年纪最小的。包凭长大后入赘到平湖袁氏家，与我父亲交情最为深厚。他博学多才，但一直考不中功名，于是就寄心于佛教、道教。一天东游泖湖，偶然走到一座村庙中，他见观音菩萨的塑像在破庙里遭受风吹雨淋，就解开行囊拿出十两银子交给庙里的住持，让他重修庙宇。僧人告诉他重修耗费很大，十两银子太少了，难以完成。他又取出四匹松江产的布，从竹箱子里拿出七件衣服交给住持。其中有一件麻布长袍是新做的，仆人劝他不要捐。包凭说："只要能使圣像安然无恙，我就算赤身裸体又有什么关系呢？"僧人听闻大受感动，流着眼泪说："布施银两和衣服还不是困难的事，但这一份至诚之心，怎么能轻易得到呢？"日后这座庙修葺好了，包凭和老父亲一同去游玩，晚上就睡在庙里。他梦到护法神来致谢："你的子孙当世代享受荣华富贵。"后来他的儿子包汴、孙子包柽芳都考中了功名，做了大官。

**解析**

包凭为了修缮寺庙，不仅捐出银两，还将自己的衣服一并施舍，发心出于至诚。人们修行布施，对内来说，能够破除悭吝之心，减少对世俗的贪恋；对外来说，布施能够直接帮助危难中的人，使他们摆脱困苦。所施并不在多，而重在发心真切。

据佛经记载，舍卫国有一个女乞丐，一天，国王、大臣请佛陀说法，并供养了很多油灯。乞女见到这些富人广做功德，内心很欢喜，自己暗想："我前生造了什么恶业，现在沦为乞丐啊！如今虽然遇到了佛陀，却没有能力供养。"有一次，她乞讨到一文钱，于是赶忙去买油。店主问她："一文钱只能买一丁点油，你要它干什么呢？"贫女说想做油灯供佛。店主听闻大受感动，于是多给了她一些油。贫女非常高兴，做了一盏油灯，供在佛像前，并发愿说："今天我以此灯供养佛陀，以此功德愿我将来具足光明智慧，能消除一切众生的无明黑暗。"

第二天，佛陀的弟子目犍连尊者去收灯具，发现其他的灯都已熄灭，唯独贫女供养的灯就像刚刚点燃一样。目犍连想，白天点灯有些浪费，便去吹灭那盏油灯，但他用尽各种办法也无法将其熄灭。佛陀看到后说："目犍连，停下来吧。这盏灯是以利益无量众生的广大心愿供养的，你是灭不掉的。这个女人以后定会圆满心愿，将来成佛，号灯光如来。"

## 为善以礼

**嘉善支立之父，为刑房[1]吏，有囚无辜陷重辟，意哀之，欲求其生。囚语其妻曰：支公嘉意，愧无以报，明日延之下乡，汝以身事之，彼或肯用意，则我可生也。”其妻泣而听命。及至，妻自出劝酒，具告以夫意。支不听，卒为尽力平反之。囚出狱，夫妻登门叩谢曰：“公如此厚德，晚世所稀。今无子，吾有弱女，送为箕帚妾，此则礼之可通者。”支为备礼而纳之，生立，弱冠中魁，官至翰林孔目[2]。立生高，高生禄，皆贡为学博[3]。禄生大纶，登第。**

**注释**

1 刑房：衙门中掌理刑事案件的部门。

2 翰林孔目：翰林院典簿厅所属文书人员。

3 学博：官办学堂的学官。

**译文**

嘉善人支立的父亲，在刑房当差的时候，有囚犯被冤枉判了重罪，支立的父亲很同情他，想为这个犯人寻条生路。犯人知道后对妻子说：“支公的好意，我很惭愧无以报答，明天你邀请他到家里去，好好服侍他，他若能想办法救我，那我就可以活命了。”妻子流着泪答应了。等支立的父亲到了犯人家里，犯人的妻子亲自出来劝酒，并把丈夫的意思告诉了他。支立的父亲断然拒绝，但还是尽力为犯人平反。囚犯出狱后，夫妻二人登门叩谢说：“像恩公这样道德淳厚的人，现在世上真是太少了。你还没有儿子，我们有一个小女儿，愿意送给你当小妾，这是礼法上能说得通的。”于是，支立的父亲就礼仪周备地迎娶了他们的女儿，后来生了支立，年少时就考试高中，官至翰林院孔目。支立生支高，支高又生支禄，他们都成了学官。支禄生了支大纶，科举登第。

**解析**

支立的父亲同情犯人，努力为其平反，精神实属可贵。更难得的是，当犯人妻子欲报答他时，他能够坚持原则，不为所动。俗话说“英雄难过美人关”，面对诱惑而能不动心者，可谓少之又少。

王阳明的父亲王华，小时候跟小伙伴玩耍，捡到一个包袱，打开一看里面全是黄金。王华很镇定，没有声张而是把包裹丢进了水里，然后继续玩耍去了。等小伙伴都回家后，他就留在原处等着。不一会儿，有人哭着走过来，问他有没有看见一个包裹。王华便把经过告诉了那人。失主感激之余，拿出一锭金子给他，王华坚决推辞。

王华长大后到外地游学，曾借住在一个富翁家里。富翁没有儿子，他很钦佩王华的学识和为人。一天晚上，富翁叫他的小妾去陪王华。小妾拿出一张纸条给王华看，并说是主人的意思，上边写着“欲求人间种”。王华不为所动，提笔又写了句“恐惊天上神”。

天一亮，王华就离开了。后来富翁请道士祈福，只见道士对着香案长跪不起，富翁感到很奇怪，便问什么原因。道士说，刚才自己送奏章到天庭，恰巧遇上天庭张贴状元榜，所以多等了会儿。富翁又问状元是谁，道士说自己离得太远没有看清名字，只记得状元榜前有副楹联，写着“欲求人间种，恐惊天上神”。富翁听后大为吃惊。此后，王华果然高中状元。

## 深思明理

**凡此十条，所行不同，同归于善而已。若复精而言之，则善有真有假，有端有曲，有阴有阳，有是有非，有偏有正，有半有满，有大有小，有难有易，皆当深辨。为善而不穷理，则自谓行持，岂知造孽？枉费苦心，无益也。**

### 译文

以上所列举的十条，虽然每人的行事不同，但都同归于行善。若要进一步精确地研讨，那么善有真有假，有端有曲，有阴有阳，有是有非，有偏有正，有半有满，有大有小，有难有易，都应当深入辨别。行善而不研究其中的道理，虽然自认为在修行，哪里知道其实是在造孽呢？白白耗费了一片苦心，没有什么益处。

### 解析

了凡先生一连举了十个为善的例子，分别说明善事的种类。接着，他又从现象上升到理论，将行善之理分为八种。之所以要如此细分，原因在于理论是指导人们实践的指南，失之毫厘谬以千里。如果不认真分辨，有的人可能明明在做坏事，还以为自己在行善呢！

例如，现在很多人热衷放生，认为自己在做功德。其实，盲目放生对自然环境危害很大。据媒体报道，近年来，长江流域受外来物种入侵严重，而这些外来物种主要源自民众放生。盲目将动物放归自然，可能会给放归地的物种带来严重威胁。例如，现在很多地方都有巴西龟。巴西龟原产南美，属于肉食性龟类，性情凶猛，生存能力很强。它除了捕食小鱼小虾，还吃鱼卵、蝌蚪、龟苗，凡是巴西龟大量繁殖的水域，当地鱼类、龟类甚至是蛙类数量都大幅减少，生态平衡受严重破坏。这种放生无异于杀生。

如果不弄清楚道理就盲目实践，很可能南辕北辙，好心办坏事。因此，了凡先生格外重视“明理”，人们不仅要知其然，更要知其所以然，彻底弄清楚事情的深层次原因和各种差异表现。只有这样，我们行善才不会枉费苦心。

## 真善无私

**何谓真假？昔有儒生数辈，谒中峰和尚[1]，问曰：“佛氏论善恶报应，如影随形。今某人善，而子孙不兴；某人恶，而家门隆盛；佛说无稽矣。”**

**中峰云：“凡情未涤，正眼未开，认善为恶，指恶为善，往往有之。不憾[2]己之是非颠倒，而反怨天之报应有差乎？”众曰：“善恶何致相反？”中峰令试言其状。一人谓詈人殴人是恶，敬人礼人是善。中峰云：“未必然也。”一人谓贪财妄取是恶，廉洁有守是善。中峰云：“未必然也。”众人历言其状，中峰皆谓不然。**

**因请问。中峰告之曰：“有益于人，是善；有益于己，是恶。有益于人，则殴人、詈人皆善也；有益于己，则敬人、礼人皆恶也。是故人之行善，利人者公，公则为真；利己者私，私则为假。又根心[3]者真，袭迹[4]者假；又无为而为者真，有为而为者假。皆当自考。”**

注释

1 中峰和尚：元代禅宗高僧。俗姓孙，号中峰，法号智觉，曾任杭州西天目山住持。

2 憾：抱怨，责怪。
3 根心：发自内心。
4 袭迹：沿袭他人的行径。

## 译文

什么叫作真假？往昔有儒生数人前去拜访中峰和尚，问道："佛教说善恶报应，如影随形，丝毫不爽。现今某人做了善事而子孙却不兴旺，某人做了坏事却家门兴盛。可见，佛教所说的因果报应是无稽之谈。"

中峰回答说："凡情没有洗刷殆尽，正眼就不会打开，把善行认作恶行，把恶行当成善行，是常有的事。人们不责怪自己颠倒是非，反而抱怨上天善恶报应出了差错。"众人问："善恶怎么会颠倒呢。"中峰让他们试着说一说各自认为的善恶情形。一人说骂人打人是恶，尊敬人礼遇人是善。中峰说："未必是这样。"一人又说贪图钱财并以不正当的手段谋取是恶，廉洁有操守是善。中峰说："也未必是这样。"众人把各自的善恶标准讲了一遍，中峰都说未必如此。

于是，大众向中峰和尚请教怎么分辨善恶。中峰告诉他们："对别人有益的是善，只对自己有益的是恶。对别人有益，则打人骂人都是善举；只对自己有好处，则尊敬人礼遇人都是恶行。所以，人做善事，凡是利于他人的都是公正无私，公正无私就是真的善；凡是只对自己有利的都是自私自利，自私自利就是虚假的善。再者，发自内心的是真善，沿袭模仿他人，仅做一点皮毛功夫的是假善。此外，无心为善而做善事是真善，刻意做善事则是假善。这些你们都应当认真推敲。"

## 解析

佛教宣扬因果报应，认为人们做善事有好报，做坏事必定遭恶报。与之类似，老子也说："天道无亲，常与善人。"上天对万物虽然没有偏爱，但经常给予好人好报。可是，在历史上，好人没好报，坏人富贵荣华的例子却并不鲜见。

孔子弟子三千，贤人七十二，他对颜回最为欣赏。颜回安贫乐道，即使生活很贫困，照样能沉浸在求知的快乐中："一箪食，一瓢饮，在陋巷，人不堪其忧，回也不改其乐。"他为人谦逊好学，从不把怒气撒在别人身上，同样的错误绝不会犯两次。孔子由衷称赞他"贤哉，回也"——颜回真是个贤人啊。可是，颜回生活一直很穷困，连粗劣的食物都吃不饱，最终不幸早逝。而当时，有个强盗头子叫"盗跖"，杀人越货无恶不作，甚至拿人的心肝当下酒菜。如此恶贯满盈之人，竟然聚集几千人横行天下，无人能挡，最后长寿而终。这又是遵循什么道德呢？

汉代史学家司马迁对此感叹说：“就我所见，那些走歪门邪路，专门违法犯禁的人，却能终生安逸享乐，过着富裕的生活，世世代代都不断绝。而有的人，选好地方才肯下脚迈步，挑适宜的机会才肯说话，平时走路都不敢走小路，专走大道。可是这样小心谨慎，而遭逢灾祸的人，数都数不过来。我真是迷惑啊！”

据此来看，儒生对佛教因果的非难并不是空穴来风。不过，佛教所说的因果与“三世”相搭配。即人们前生造作的业因决定了今生的苦乐，今生造作的业因又引发来生的状况。坏人现在享福，可能是前生福报太多，暂时没有耗费完，来生可能会加倍受苦。好人虽然现在受苦受难，也许是前生福报过浅，此后说不定就会时来运转。因此，民间常说“善恶到头终有报，只争来早与来迟”。

中峰禅师对此的回答更进一步，他认为一般人慧眼未开，并不能清楚分辨善恶。于是，他提出三个鉴别善恶的标准：第一，无私。凡是公正无私就是真善，凡是自私自利就是伪善。第二，至诚。凡是发自内心的是真善，情不由衷的是假善。第三，自然为善是真，刻意做姿态是假。

春秋时期的晋国大夫祁奚就做到了这几点。祁奚曾担任晋国的中军尉（类似于参谋长），他退休时，晋悼公问他谁适合担任中军尉一职。祁奚就推举了自己的仇人解狐。过了不久，解狐病死，晋悼公又问他，祁奚回答说：“我的儿子祁午可以胜任。”果然，祁午上任后忠于职守，办事公允，将士对他都很信服。由于祁奚一心为公，毫无偏私，他才能做到“外举不避仇，内举不避亲”。

## 乡愿非善

**何谓端曲？今人见谨愿之士[1]，类称为善而取之；圣人则宁取狂狷[2]。至于谨愿之士，虽一乡皆好，而必以为德之贼。是世人之善恶，分明与圣人相反。推此一端，种种取舍，无有不谬。天地鬼神之福善祸淫[3]，皆与圣人同是非，而不与世俗同取舍。**

**凡欲积善，绝不可徇[4]耳目，惟从心源隐微处，默默洗涤。纯是济世之心，则为端；苟有一毫媚世之心，即为曲；纯是爱人之心，则为端；有一毫愤世之心，即为曲；纯是敬人之心，则为端；有一毫玩世之心，即为曲。皆当细辨。**

## 注释

1 谨愿之士：本指谨慎诚实的人，此处指乡愿，即不分是非，谁都不得罪的老好人。

2 狂狷：狂，积极进取，努力拼搏的人；狷，正直孤傲，洁身自好的人。

3 福善祸淫：语出《尚书·汤诰》："天道福善祸淫，降灾于夏，以彰厥罪。"指行善的得福，作恶的受祸。

4 徇：顺从。

## 译文

什么叫端正，什么叫邪曲呢？现在的人见到那些谁都不得罪的老好人，就把他们称作善士并加以效仿；而圣人则宁可选择狂狷之辈，也绝不与乡愿为伍。至于这些老好人，虽然全乡的人都喜欢他们，但圣人断定他们会对道德产生危害。由此看来，世人对善恶的判别，分明与圣人相反。由此一端推广开来，我们对善恶的种种取舍，没有不错谬的。天地鬼神对为善的予以保佑，对作恶的予以惩处，都与圣人对是非的判别相一致，而不与世俗的取舍相同。

因此，凡是想要积德行善的人，绝不能顺从耳目之欲，只能从内心善恶未分、念头未动之处默默洗涤，从而使心变得光明纯净。当内心完全是救世济人的想法时，就是端正；如果有一毫媚世趋俗的念头，就是邪曲；对他人完全是仁爱之心，就是端正，对世道有丝毫愤恨，就是邪曲；对他人完全是尊敬之心，就是端正；有一毫不恭敬，就是邪曲。这些都应当仔细辨别。

## 解析

通常来说，人都有从众心理，因而认为大多数人的选择就是正确的。但了凡先生认为，大多数人的是非观未必正确，只有向圣人看齐，通过深入思考，才能明辨是非。在生活中，总有一些"老好人"，他们说话不温不火，办事谁都不得罪，跟每个人关系都不错。按照世俗标准，这种人成熟、圆滑，而在圣人看来，这种人看似忠厚，实际上没有一点原则，只知道媚俗阿谀，简直就是危害道德的贼人！所以，孔子认为"狂者进取，狷者有所不为"，狂狷之士能坚持操守，是君子应当学习的榜样。

战国时的万章，对孔子批评乡愿、褒扬狂狷的话不是很理解，就向孟子请教。孟子告诉他："乡愿这种人，常批评狂者说：'为什么你要有这么大的志向呢？所做的往往跟不上所说的，太能吹牛了吧。'又指责狷介之士说：'你呀你呀，怎么看谁都不顺眼，搞得自己郁郁寡欢是何苦呢。'他经常自得地说：'人生在世，得过且过就好，干嘛要那么较真呢？'乡愿可以说是八面玲珑、四处讨好的人。这种人，你要批评他，还真不容易找出他的错误；你要骂他，却也无从骂起。可为什么孔子一定要说乡愿是德之贼呢？因为，这种人其实是与世俗同流合污，为人好像忠厚老实，办事好像清正廉洁，大家都很喜欢他。其实，他并不能坚持原则，只是似忠似廉，其实都是假面孔！圣人之所以厌恶这种好好先生，是因为这套虚伪的东西会把真正的忠诚、仁义给搞乱了。就像狗尾巴草长在稻田里，虽然它们长得很像，但农夫一定要把它锄去，才能保证禾苗茁壮成长。"

如何才能明辨是非，为善去恶呢？了凡先生给出的答案是——听从内心良知的指引。乍一听，此说很玄妙，其实包含了深刻的哲理。王阳明曾作有一首诗阐明此理："无善无恶心之体，有善有恶意之动。知善知恶是良知，为善去恶是格物。"阳明先生认为，人心本无善恶分别。人心自有良知，能分辨善恶是非。所以人们修行的目的就是要顺从良知，努力为善去恶，使内心恢复到无善无恶的纯洁境界。到此地步，内心充满光明，就像光亮的镜子一样，善恶美丑，一照便知，邪曲之心便无所遁形。

## 莫贪虚名

**何谓阴阳？凡为善而人知之，则为阳善；为善而人不知，则为阴德。阴德，天报之；阳善，享世名。名，亦福也。名者，造物所忌[1]。世之享盛名而实不副者，多有奇祸。人之无过咎而横被恶名者，子孙往往骤发。阴阳之际微[2]矣哉！**

注释

1 忌：厌恶，憎恨。

2 微：精深，精妙。

## 译文

什么叫阴阳呢？凡是做善事而广为人知的，就是阳善；做善事不为人所知的，就是阴德。积攒了阴德的人，上天会报答他；公开做善事的人，会在世间享有好名声。享有好名声也是福报。不过，非分的名誉是上天所憎恶的。世间享有大名而与实际不相符的人，多遭受突如其来的灾祸；自身没有过错而因遭遇横祸以致名声扫地的人，其子孙后代往往会突然发达兴旺。由此观之，阴阳之间的关系是奥妙精深的呀！

## 解析

我们从小就被教育要“做好事不留名”，是因为做事一旦牵涉名利，那么动机就很难再保持纯洁。所谓“名者，实之宾也”，名声只是事实的附属品。有的人为了博取名声，难免做一些出格的事；更有甚者，因过于爱惜名誉，不顾理智而丢了性命。

春秋时期，齐国有公孙接、田开疆和古冶子三位勇士。他们自恃勇武过人，居功自傲，便对国君傲慢无礼，放任属下胡作非为。晏子认为此三人徒有匹夫之勇，现在对外既不能统兵打仗，对内也不能治理百姓，实在是国家的危害。因此，他向齐王献计除掉三人。一次，齐王召见三位勇士，拿出两个桃子，说有功者可食。公孙接抢先说道：“想当年我跟大王打猎，先是猎杀了野猪，紧接着又搏杀猛虎。我如此勇猛，难道不该吃个桃子吗？”说完，他就拿走了一个桃子。田开疆见只有一个桃子了，赶忙抢着说：“我曾统率大军多次打败敌人，若是论开疆拓土的功劳，我也能吃一个！”

古冶子见桃子被分完了，悲愤地说：“我曾经陪同国君渡黄河，船走到中央，突然有只巨鳖冒出，一口咬住国君的马车，把它拖下水。我立即就跳下水，提剑与巨鳖搏斗。在水下我前前后后游了九里多，最后我一手握着割下来的鳖头，一手拉着国君的坐骑从水里跳出来，船上的人都吓呆了，以为是河神显灵！要我看，我的功劳比你们大多了，你们两个为何不把桃子还给我？”

说着，古冶子拔剑而起。公孙接、田开疆纷纷说：“论勇武我们比不上你，论功劳我们也不如你。我们拿了桃子不还，是贪婪的表现；自以为功大而冒领赏赐，更是不该。如果我们还苟活下去，那真算不上勇士啊！”由于两人一贯自视甚高，格外看重自己的名誉，此时自觉做了无耻之事，羞愧难当，便拔出宝剑自刎！古冶子见状，悲叹道：“你们都因我而死，如果我还活着，实在是不仁。我只顾吹捧自己，羞辱他人，这是不义。现在我后悔不已，如果又不敢去死，这是不勇。”于是，古冶子把桃子还给了齐王，也自刎而死。

## 明辨是非

**何谓是非？鲁国之法，鲁人有赎人臣妾[1]于诸侯，皆受金于府，子贡[2]赎人而不受金。孔子闻而恶之曰：“赐失之矣。夫圣人举事，可以移风易俗，而教道[3]可施于百姓，非独适己[4]之行也。今鲁国富者寡而贫者众，受金则为不廉[5]，何以相赎乎？自今以后，不复赎人于诸侯矣。”子路[6]拯人于溺，其人谢之以牛，子路受之。孔子喜曰：“自今鲁国多拯人于溺矣。”**

**自俗眼观之，子贡不受金为优，子路之受牛为劣；孔子则取由而黜赐焉。乃知人之为善，不论现行而论流弊；不论一时而论久远；不论一身而论天下。现行虽善，而其流足以害人，则似善而实非也。现行虽不善，而其流足以济人，则非善而实是也。然此就一节论之耳。他如非义之义，非礼之礼，非信之信，非慈之慈，皆当抉择。**

**注释**

1 臣妾：此处通指奴仆。

2 子贡：端木赐，字子贡，春秋末年卫国人，是孔子的得意门生。子贡以言语闻名，善于雄辩，且办事通达，曾任鲁国、卫国之相。他还善于经商，富致千金，为孔子弟子中首富。

3 教道：教育指导。

4 适己：自得其乐。

5 廉：为人正直，品行方正。

6 子路：仲由，字子路，鲁国人。子路以政事见称，为人伉直，好勇力，曾跟随孔子周游列国。

**译文**

什么叫是非呢？春秋时期，鲁国法律规定，只要是鲁国人把在其他诸侯国做奴仆的鲁人赎回来，都可以获得官府的赏金，子贡赎回了人却不接收官府的钱。孔子知道这件事后生气地说："赐，这件事你做错了。圣人做事情，可以改变社会的风气和习惯，而且其教化可以施行于百姓，并非只为了个人自得其乐才去做。如今鲁国富人少而穷人多，如果接受官府的钱就是不廉洁的话，那拿什么去赎人呢？从此以后，没有人再愿意到其他诸侯国赎人了啊。"有一次，子路救了一个落水的人，那人送他一头牛作为答谢，子路接受了。孔子听到后很高兴地说："从此鲁国救助落水的人就多起来了。"

从世俗眼光来看，子贡不要官府的钱是较为高尚的，而子路要人家的牛是不太好的；但孔子却赞许子路而贬斥子贡。因此，我们才明白做善事，不能只看当下的行为，而要看是否会对以后造成坏的影响；不能单纯计较一时的效果，而是要看能否维持长远；不能只顾及个人，而是要考虑能否推及天下。即使当前做的是好事，但流传下去足以害人，那么这就是看上去似乎是好事，而其实并不是什么好事。虽然现在做的不是好事，但扩散流传之后却可以帮助更多的人，那么这就是看上去似乎不是好事，而实际上却是真的好事。这只是就此一端展开讨论罢了。其他的像非义之义，非礼之礼，非信之信，非慈之慈，都应当认真仔细地分辨选择。

## 解析

了凡先生在谈及明辨是非时，举了"子贡拒金"和"子路受牛"两个例子。他认为，判断事情的是非，不能只看事情本身的好坏，还要看其产生的影响。子贡是孔子的高足，曾任鲁相。他善于经商，家累千金，说是孔门弟子中的富豪。因为"不差钱"，所以子贡才不要国家的补偿。从个人行为来看，子贡的做法可说十分高尚，但孔子却从更高的层面看出了问题：子贡拒绝政府补偿，肯定会获得举国上下一片赞扬。但这会使其他人陷入尴尬境地：如果要了钱，则会觉得自己比不上子贡高尚，别人也会拿子贡和自己比较，结果费力不讨好；如果不要钱，自己又不是富豪，赎金难以承担。于是，两难之下，很多人就会放弃赎买奴隶。相反，子路的做法则会激励更多的人做好事。孔子认为，如果一味地强调道德，而忽视了对善行应有的回报，那么善行很可能就会难以为继。

子贡、子路虽然都是孔子的得意门生，但孔子却是站在一般人的角度看待问题。儒家讲究"学以致用"，人们学习仁义道德不仅是为了提升个人修养，还是为了日后在社会上推广所学，从而达到"移风易俗"的效果。所谓"达则兼济天下"讲的就是这个道理。圣人自己虽然道德十分高尚，但并不以此标准来要求他人。既然要引导大众，就必须要了解一般人的想法，这样才能与之共进。

## 偏正难料

**何谓偏正？昔吕文懿公[1]初辞相位，归故里，海内仰之，如泰山北斗。有一乡人，醉而詈之，吕公不动，谓其仆曰："醉者勿与较也。"闭门谢之。逾年，其人犯死刑入狱。吕公始悔之曰："使当时稍与计较，送公家责治，可以小惩而大戒。吾当时只欲存心于厚，不谓养成其恶，以至于此。"此以善心而行恶事者也。**

**又有以恶心而行善事者。如某家大富，值岁荒，穷民白昼抢粟于市。告之县，县不理。穷民愈肆，遂私执而困辱之，众始定；不然，几乱矣。故善者为正，恶者为偏，人皆知之。其以善心而行恶事者，正中偏也；以恶心而行善事者，偏中正也。不可不知。**

### 注释

1 吕文懿公：吕原，字逢原，号介庵。他博览经史，擅文章，为人谦和，与世无争。历官翰林学士、左春坊大学士等职，并入内阁。死后朝廷追赠礼部左侍郎，谥号"文懿"。

### 译文

什么叫偏正呢？当初吕文懿公从内阁辞职返回老家时，海内人士对他的敬仰如泰山北斗一般。一次，有个乡里人喝醉了酒对他肆意谩骂，吕公不动声色，并对他的仆人说："喝醉的人不要与他计较。"于是关上了大门，没有搭理他。过了一年，这个人犯死罪被抓进监狱。吕公这时才悔悟道："假使当时我与他稍有些计较，把他送到官府治罪，他受了一些惩戒，以后也不至于犯大错。我当时只顾心存仁厚，没想到却助长了他的恶行，使他落到这个地步。"这就是以好心而做恶事的例子。

又有用恶心而做好事的例子。例如，某户人家很有钱，赶上饥荒年月，穷人光天化日在市面上抢米。他上告到县衙，官府根本不搭理。饥民见此更加放肆，于是他就擅自抓了抢米的人，把他们关起来加以羞辱，饥民这才开始稳定下来，否则几乎要闹出大乱来。所以说，行善是正，为恶是偏，这是人所共知的。用善心为恶属于正中带偏，用恶心来行善属于偏中带正。这些道理不可不知。

解析

做事情我们都希望能善始善终，然而世事难料，有时难免发生意外。老子说："祸兮福之所倚，福兮祸之所伏。"福与祸既相互依存，又相互转化。了凡先生把好心办坏事概括为"正中偏"，把坏心办好事称为"偏中正"。这两种一个动机是好的，一个结果是好的，孰是孰非，不可一概而论。因此，有时坏事可以引发好的结果，而好事也可以导致坏的结果，塞翁失马的故事就印证了这个道理。

古时候，有位住在边塞的老人，他擅长占卜。一次，他家的马跑过长城，在草原走失了。邻居们都过来安慰他，可他却说："这怎么就不是福气呢？"几个月后，那匹马带着许多小马回来了，原来它在塞外产了马驹。人们又纷纷前来祝贺。老人又说："谁知这不是灾祸啊？"由于家里马很多，他的儿子就天天骑马，结果有次从马上掉下来摔断了腿。家人都安慰他，老人却说："我看这也未必是坏事。"过了一年，塞外游牧民族入侵，健壮男子都被征召去前线打仗，很多人牺牲在战场。老人的儿子因为腿瘸的缘故免于征战，得以保全性命。

因此，我们做事情，一方面要有端正的态度，另一方面也要预先推测事情可能发展的方向，做到未雨绸缪。无论遇到福还是祸，都要调整好自己的心态，不必在意一时得失。

## 积少成多

**何谓半、满？《易》曰："善不积，不足以成名，恶不积，不足以灭身。"《书》曰："商罪贯盈[3]。"如贮物于器，勤而积之，则满；懈而不积，则不满。此一说也。**

注释

1 贯盈：贯，穿钱的绳子；盈，满。罪恶之多，犹如穿钱一般已穿满一根绳子。形容罪大恶极，该受到惩罚了。

**译文**

什么叫半、满呢?《易经》上说:“不持续做有益于人的事,就不能成为一个名声卓著的人;而一个人落得身败名裂,也是他长期干坏事的结果。”《尚书》里讲:“商纣王恶贯满盈。”这就好比是把东西储藏在容器中,尽力多积攒就会装满,懈怠不当回事就装不满。这是一种说法。

**解析**

冰冻三尺,非一日之寒。任何事情的发生,都有长期积累的过程,并不是无故出现的。了凡先生此处说的半和满,很符合辩证唯物主义的道理:量变是质变的前提,质变是量变的必然结果。事物的发展都是由量变开始的,随着量的积累,最终会带来质变。像了凡先生改过自新,发愿做三千善事,都是在每天点点滴滴的生活中落实,一做就是十余年,真可谓有恒心有毅力。

《尚书》中的“恶贯满盈”说的是商朝的亡国之君——纣王。相传他好大喜功,贪得无厌,执政期间大兴土木,搜刮了很多金银财宝,搞得民怨沸腾。纣王宠爱妲己,又凿池盛酒,悬肉为林,聚集一帮男女整日歌舞游乐,不理朝政。为了镇压人民的反抗,他发明了炮烙酷刑,用炭火烧热铜柱,将人绑于铜柱上烧死。微子是纣王的哥哥,他屡次进谏,劝阻纣王不要实行暴政,但纣王就是不肯听。此时,远在商国西边的周国逐渐壮大,其首领西伯侯姬昌不断招揽贤才,推行仁政,很多小国都前来投靠。商朝的大臣祖伊预感祸患将至,把此事告诉了纣王,纣王却说:“我生于世上,不是有天命在吗?西伯即便强盛,又能把我怎样?”微子见纣王执迷不悟,于是逃离了都城朝歌。

纣王的叔叔比干不忍坐视不管,又向纣王进谏。纣王暴怒地说:“你明明知道我不喜欢听这些,为什么又来烦我呢?”比干说:“我认为自己所行符合仁义,所以才说。”纣王听闻大怒:“我听说圣人心有七窍,今天倒要看看是不是这样?”于是便令人挖出比干的心脏。比干死后,姜子牙就劝周武王说:“纣王杀害忠良,可谓恶贯满盈,天命诛之,现在正是讨伐商朝的好时机。”最终周军攻入朝歌城,纣王被迫举火自焚。

## 诚心无价

**昔有某氏女入寺，欲施而无财，止有钱二文，捐而与之，主席[1]者亲为忏悔。及后入宫富贵，携数千金入寺舍之，主僧惟令其徒回向而已。因问曰："吾前施钱二文，师亲为忏悔，今施数千金，而汝不回向，何也？"曰："前者物虽薄，而施心甚真，非老僧亲忏，不足报德。今物虽厚，而施心不若前日之切，令人代忏足矣。"此千金为半，而二文为满也。**

注释

1 主席：此处指寺庙的住持。

译文

从前，有户人家的女儿到寺庙烧香，想要布施而没有钱，于是将身上仅有的两文钱捐给庙里，寺庙的住持亲自为她忏悔。等到后来她进了皇宫大富大贵，带几千两银子到寺庙里做布施，住持却只叫他的徒弟为她回向而已。于是她问道："我之前只布施了两文钱，师父您亲自为我忏悔，现在布施几千两银子，而您却不为我回向，这是为什么呢？"住持回答说："此前你布施的钱虽然很少，但布施的心却很真诚，若非老衲亲自为你忏悔，不足以报答你的恩德。现在你布施的钱虽然很多，而施舍的心不如之前真切，所以叫别人代我给你做忏悔就足够了。"这就是布施千金为半，而两文为满的例子。

解析

了凡先生此处认为行善心诚是满，怠慢是半。由于心诚，贫女捐的两文钱比后来贵为皇妃捐出的千金还要宝贵。在世人眼中，两文钱和千金的价值相差悬殊，而住持则认为"诚心"无价，这是什么道理呢？

南北朝时期，梁武帝萧衍笃信佛法，他修建了大量寺庙，"南朝四百八十寺，多少楼台烟雨中"描绘的就是当时情形。他觉得只修建寺庙还不过瘾，六十四岁时，梁武帝萧衍决心舍身同泰寺。所谓舍身，就是把自己布施给寺庙，给僧人做杂役。他这次舍身，一共在寺里住了四天。国不可一日无君，太子萧纲和文武群臣赶忙拿了两亿钱来赎皇帝，可萧衍概不接见，最后，他几乎硬是被大臣抬了出去。后来，他还数次重演舍身闹剧，朝廷花费数亿钱为他赎身。

因此，文武百官都称他“皇帝菩萨”。

据说达摩祖师来中国传法时，途经南梁。梁武帝一听有天竺高僧前来，立即将其请入宫中供养。一见面，梁武帝就问达摩祖师：“朕即位以来，造寺、写经、度僧不可胜数，有何功德？”达摩祖师听后，直截了当地说：“陛下所做，并无功德。”梁武帝吃惊地问：“何以无功德？”达摩祖师淡然地说：“陛下所做功德，只是徒有形式。布施本为破除内心的贪欲，而你其实贪恋的是布施所得到的果报，以及现世尊佛敬法的名声罢了。所以，陛下将来所获也只是普通的世间福报而已。这些只是人天小果，有漏之因，仍不能跳出六道轮回获得解脱，并非真实功德。”梁武帝又问：“那如何才是真实功德呢？”达摩祖师回答说：“净智妙圆，体自空寂。如果你能于一切法都不执着，于一切法真正做到了看破、放下，心里毫无挂碍：既不因布施而沾沾自喜，也不在意所施之物贵贱如何，更不关心给了谁，自己将来会得到什么。如此用心，方是真布施！”

由此可知，佛教说的布施，本是为了让众生破除贪婪、吝啬之心。所以只要布施之心真切诚恳，即使两文钱，功德也很大。如果心生怠慢，则功德大打折扣，千金为轻。

## 目光长远

**钟离[1]授丹于吕祖[2]，点铁为金，可以济世。吕问曰：“终变否？”曰：“五百年后，当复本质。”吕曰：“如此，则害五百年后人矣，吾不愿为也。”曰：“修仙要积三千功行，汝此一言，三千功行已满矣。”此又一说也。**

### 注释

1 钟离：即钟离权，东汉、魏晋时期人物，道教八仙之一。名权，字云房，一字寂道，号正阳子。因其原型为东汉大将，故又被称作汉钟离。

2 吕祖：即吕洞宾，名嵒（yán），字洞宾，唐朝人，道号纯阳子。原为儒生，后遇郑火龙真人传剑术，又遇钟离权传丹法，道成之后，普度众生，被列为八仙之一。

### 译文

汉钟离把炼丹术传授给吕洞宾，学成后能点铁成金，可以用来济世度人。

吕洞宾问他："铁变的金子最终会有什么变化吗？"汉钟离回答说："五百年后，还会变成原来的样子。"吕洞宾听闻此言，感慨地说："如果是这样，那是贻害五百年之后的人啊，我不愿意这么做。"汉钟离听他这样回答，也感慨地说："修仙要积累三千件善功，凭你这一句话，三千功行已经圆满了啊。"这又是一种半、满的说法。

解析

吕洞宾是道教八仙之一，有关他的故事在民间广为流传。吕洞宾本姓李，是唐代河东道（今属山西）人。据说他出生时异香满室，家中有白鹤飞来。他自幼聪颖，文武双全，长大后顺利考中进士，并当过县令。吕洞宾为人正直，不愿阿谀权贵，不久便辞官入山修道。仙人汉钟离认为他将来必成大器，为使其彻底看破红尘，便托梦给他。在梦中，吕洞宾由县令高升翰林，迎娶了娇妻美妾，家里子女成群。后来又当上宰相，位极人臣，享尽人间荣华富贵。十年之后突然被人告发，皇帝震怒，下令免其官职，打入天牢，抄没家产；最终妻离子散，一切都成过眼云烟。

吕洞宾惊醒后，汉钟离对他说："世间功名富贵转瞬即逝，人生百年也不过是一场梦，还有什么可留恋的呢？"吕洞宾听后大受感动，就跟随汉钟离一心修道。道教认为，凡夫俗子要想成仙，除了看破红尘，消除七情六欲外，还必须积功累德，圆满三千善行方可。吕洞宾在学习点金术时，不为眼前利益所动，能够想到五百年后的情况，用心可谓深远。了凡先生据此认为，做事若能考虑长远，就是满，只顾眼前则是半。

## 不执善相

**又为善而心不着善，则随所成就，皆得圆满。心着于善，虽终身勤励[1]，止于半善而已。譬如以财济人，内不见己，外不见人，中不见所施之物，是谓"三轮体空[2]"，是谓"一心清净"。则斗粟可以种无涯之福，一文可以消千劫之罪。倘此心未忘，虽黄金万镒，福不满也。此又一说也。**

## 注释

1 勤励：勤劳奋勉的意思。

2 三轮体空：佛教指布施时施主应有的态度。三轮指施者、受者和所施之物。布施后，此三轮相不存于心，名三轮体空。

## 译文

还有，做善事而内心不执着善，那么所做的事都能随心成就，皆得圆满。内心执着善，虽然一辈子都勤勤恳恳，但也只是停留在“半善”里罢了。譬如用钱财帮助人，内心不起行善之念，对外也不认为有人受了自己的帮助，中间对于所布施的财物，也没有取舍之心，这就是佛教所讲的“三轮体空”，也叫“一心清净”。如此布施，那么一斗粟可以种下无边无际的福报，一文钱就能消灭千劫的罪孽。倘若此心没有放下执着，即使布施万镒黄金，福报也不能圆满。这又是一种半、满的说法。

## 解析

在佛经中，布施又称作“檀波罗蜜”。檀是“布施”的梵语音译。波罗蜜也是音译，意思是“到彼岸”。佛教认为，人们布施，若只是为了求得身体健康、功名富贵等世间福报（也称有相布施），所得也只不过是“人天小果”。即来生往生人道或天道，仍旧在六道轮回之中，不得解脱。如果布施时能做到“三轮体空”，对一切法、一切境界都不生执着，才能超脱轮回，到达“彼岸”，叫作“无相布施”。

《金刚经》把“相”分为我相、人相、众生相、寿者相四种：（1）凡是可以印证“我”存在的任何境界，都是我相，类似于心理学所说的自我意识。例如，我在思考，我很快乐，我很痛苦……这些自我感受皆是我相。（2）人有了我相，就会产生他相，认识到自己与他人的不同，这就是“人相”。例如，他很帅，她很漂亮，他很善良……对他人的种种分别，皆属于人相。（3）有了我相、人相，再把这些相归类集合，就产生了众生相。例如男人、女人、文化人、富豪等群体概念，都是众生相。（4）任何生命，都有求生的本能。这种对生命固执追寻、依恋之心，就是寿者相。

佛教认为，人如果要解脱，必须要摆脱四种相的束缚，“无我相、无人相、无众生相、无寿者相”，离一切相，即见诸佛。人们在布施时，如果能做到“三轮体空”，即便所施之物很微小，其价值也会被无限放大，可获得无量无边的福报。

# 天下为重

**何谓大小？昔卫仲达为馆职[1]，被摄至冥司[2]。主者命吏呈善恶二录，比至，则恶录盈庭，其善录一轴，仅如箸[3]而已。索秤称之，则盈庭者反轻，而如箸者反重。**

**仲达曰："某年未四十，安得过恶如是多乎？"**

**曰："一念不正即是，不待犯也。"**

**因问轴中所书何事。曰："朝廷尝兴大工，修三山石桥，君上疏谏之，此疏稿也。"**

**仲达曰："某虽言，朝廷不从，于事无补，而能有如是之力？"**

**曰："朝廷虽不从，君之一念，已在万民；向使听从，善力更大矣。"**

**故志在天下国家，则善虽少而大。苟在一身，虽多亦小。**

## 注释

1 馆职：在史馆、昭文馆等机构任职。

2 冥司：阴曹地府。

3 箸：筷子。

## 译文

什么叫大小呢？从前在宋朝的时候，卫仲达在史馆任职，一天他的魂魄被鬼卒拘引到阴曹地府。冥官吩咐手下人把记录他在阳间所做善事、恶事的两类书册送上来。等册子送到一看，记录他恶事的，竟摊满了一院子，而记录他善事的却只有一卷，粗细跟筷子差不多。冥官叫人拿秤过来称重量，结果满院子的书册反而比筷子粗细的卷轴还要轻。

仲达问冥官："我还不到四十岁，怎么会犯这么多罪过？"

冥官回答说："一个念头不正就是造恶，不必等做了才算。"

于是仲达又问道："那个卷轴里写的什么事？"冥官说："朝廷曾经大兴土木，要修三山的石桥。你当初上奏疏劝谏皇帝，这就是那份奏疏的底稿。"

仲达说："我虽然劝谏皇帝不要修石桥，可是朝廷并没有听从，于事无补。这份奏疏怎么会有这么大的分量呢？"

冥官回答他："朝廷虽然没有采纳你的意见，但是你的初衷是为天下亿万百姓着想。假使朝廷听了你的意见，那么善力就更大了。”

所以，志在造福天下国家，那么善行虽小而福报却很大。如果只为自己盘算，那么即使做的善行很多，福报也很小。

## 解析

佛教最重心法，认为人只要起心动念，就会招致因果。所以《地藏经》讲，凡夫俗子“起心动念，无不是业，无不是罪”。反之，如果动的是善念，则造的就是善业。卫仲达心怀天下百姓，敢于直言劝阻朝廷大兴土木，所做功德可谓广大。

中国历史上，有无数仁人志士为国家利益而抛头颅洒热血。文天祥是南宋末年的丞相，在孩童时，他看见学宫中所祭祀的贤者如欧阳修、胡铨等人的谥号都含有“忠”字，心里羡慕不已。当即就说：“我长大后，如果不能成为他们其中的一员，就不是大丈夫！”后来，蒙古兴兵攻打南宋，文天祥临危受命，率兵抵抗。当时朝廷军饷不足，文天祥就变卖家产，用所得钱财临时拼凑了三万民兵，赶赴前线。出发前，有好友劝他：“蒙古军队锐不可当，西夏、金国都被消灭了。你这一去无异羊入虎口啊！”文天祥从容地回答：“我当然知道此去凶多吉少，可是眼看蒙古大军就要打过来，而国家却无人解救，我实在于心不忍。我虽然势单力薄，但也要为国尽忠，虽死不辞。”

后来，文天祥兵败被俘，元世祖忽必烈亲自召见他，劝其投降。他对文天祥说：“现在宋朝已经灭亡了，你还苦苦支撑什么呢？只要先生肯投靠大元，我保证仍以丞相之位待之。”结果，文天祥丝毫不为所动，并说：“我是宋朝的丞相，按道理是不能再侍奉二主的，我现在只愿速死，别无他求！”

不久，文天祥在狱中收到女儿的来信，得知妻女都已被俘，现在宫中为奴，生活苦不堪言。文天祥立刻就明白了元人的用意：只要自己投降，家人即可团聚。文天祥看到信后，悲痛难忍，他在回信中说：“我现在真是国破家亡，妻女又受人虐待，我难受得心如刀绞。谁没有骨肉亲情呢？但舍生取义、杀身成仁是我的宿命，我又能奈何？”元人见文天祥不肯动摇，只得将他处死。临刑前，监斩官对他说：“文丞相，你现在改变主意还来得及。”文天祥怒斥道：“大丈夫视死如归，何必多言？”于是，文天祥面向南方，慷慨就义。“人生自古谁无死，留取丹心照汗青”，正是文天祥真实的写照。

# 先难后易

**何谓难易？先儒[1]谓克己[2]须从难克处克将去。夫子论为仁，亦曰先难。必如江西舒翁，舍二年仅得之束脩[3]，代偿官银，而全人夫妇；与邯郸张翁，舍十年所积之钱，代完赎银，而活人妻子。皆所谓难舍处能舍也。**

**如镇江靳翁，虽年老无子，不忍以幼女为妾，而还之邻。此难忍处能忍也，故天降之福亦厚。凡有财有势者，其立德皆易，易而不为，是为自暴。贫贱作福皆难，难而能为，斯可贵耳。**

## 注释

1 先儒：此处指北宋理学家谢良佐。谢良佐，字显道，蔡州上蔡（今河南上蔡）人。他师从程颢、程颐，创立了上蔡学派，是陆王心学的奠基人。

2 克己：克制约束自己的私欲。

3 束脩：古时，学生与教师初次见面，一般送十条干肉表示敬意，称为“束脩”。此处指工资收入。

## 译文

什么叫难易呢？先儒谢良佐先生曾说：克制私欲要从难克制的地方下手。孔夫子谈论到行仁时，也说要先从难处开始。就得像江西舒老先生那样，舍去自己两年仅有的收入，帮别人偿还官府的钱，从而保全了人家夫妻免于离散。还要像邯郸的张老先生那样，拿出自己十年的积蓄替别人交纳赎罪银，从而救活了人家的老婆孩子。这些都是所说的难舍处能舍的例子。

再例如镇江的靳老先生，虽然年老无子，但不忍心纳幼女为妾，把她又送还给邻居。这就是难忍而能忍的例子呀，所以上天对他降下的福报也很厚。凡是有钱有势的人，行善积德都比较容易，容易还不肯去做，那就是自暴自弃了。贫贱之人作福行善都比较困难，虽然困难而能去做，这才是可贵的呀。

## 解析

儒家提倡“克己复礼”，人们通过约束自己的言行，使所作所为都合乎“礼”。《论语》中记载，有一次颜回请教孔子如何做才是“仁”。孔子说：“克制自己，一切都按礼的要求去做，这便是仁。如果一个人能这样做，那么天下的一切就都归于仁了。践行仁德，完全在于自己，难道还在于别人吗?”颜回又问：“那具体该如何做呢?”孔子说：“不合乎礼的不要看，不合乎礼的不要听，不合乎礼的不要说，不合乎礼的不要做。”(非礼勿视，非礼勿听，非礼勿言，非礼勿动。)宋代理学家谢良佐在解释这段话时，认为克己应该先从困难的地方下手。困难的问题如果不先解决，那么其他问题即使先解决了，事情也未必有很大起色。这与现在流行的“短板效应”很类似。盛水的木桶是由多块木板箍成，若其中一块木板很短，则盛水量就被短板所限制。所以，木桶里装水的多少，不在于最长的木板，而取决于最短的木板。

通常观点认为，“仓廪实而知礼节，衣食足而知荣辱”。只有生活条件改善了，人们才有能力、有意愿行善。而了凡先生认为，有钱有势的人做好事并不难，如果不肯去做，那就是自暴自弃。而贫穷的人，为生活所迫，能力有限，如果在困难中仍坚持做善事，那才是真的难能可贵！在生活中，有的人经常夸口“等我有钱了如何如何”，其实没钱未必不能做事，从自己力所能及的小事做起，一样可以帮助别人，提升自身修养。总寄希望于将来，而不肯行动，这类人就算以后真发达了，也未必能付诸实践。

## 行善随缘

**随缘济众，其类至繁，约言其纲，大约有十：第一，与人为善；第二，爱敬存心；第三，成人之美；第四，劝人为善；第五，救人危急；第六，兴建大利；第七，舍财作福；第八，护持正法；第九，敬重尊长；第十，爱惜物命。**

### 译文

随缘帮助大众，门类有很多，纲领大致有十条：第一，与人为善；第二，爱敬存心；第三，成人之美；第四，劝人为善；第五，救人危急；第六，兴建大利；第七，舍财作福；第八，护持正法；第九，敬重尊长；第十，爱惜物命。

### 解析

在讲解完如何分辨善行后，了凡先生进一步归纳列举了行善的种类。他提出，行善要“随缘”，我们在做善事时，要随顺机缘，不可强求。随缘不是放任无为，而是因势利导，在合适的时间做合适的事。

有一座寺院，由于夏季天气炎热，庭院里的草枯萎了一大片。小和尚对师父说："师父，院子里的草都枯黄了，快点种一些吧。"师父从容地说："别着急，等天凉快了再说吧。"几天后下了一场雨，师父拿些草籽交给小和尚。忽然一阵风吹过，草籽飘飘扬扬，飞得到处都是。小和尚慌忙喊："师父，草籽都飞起来了，可怎么办呀！"师父淡淡地说："莫急，吹走的多半是空壳，就算种下去也发不了芽，随缘吧。"一会儿，又飞来一群鸟啄食草籽，小和尚赶忙拿起扫帚驱赶，师父见到就对他说："随缘好了，它们想吃就吃吧，几只小鸟不妨事。"

晚上，雨又下了起来。第二天清晨，小和尚冲进禅房："师父，不好了，草籽被水冲走了。""哦，没事，冲到哪儿，就在哪儿发芽好了，一切随缘。"几天过去了，原本枯黄的地面，又长出许多青翠的小草。就连犄角旮旯，也冒出了片片新绿，比之前还要好看。小和尚高兴得手舞足蹈，开心地笑个不停。师父走上前摸了一下他的头，说："随缘。"

得之不喜，失之不忧，按照事物发展的规律行动，这或许就是"随缘"的效用吧。

## 以身作则

**何谓与人为善？昔舜在雷泽，见渔者皆取深潭厚泽，而老弱则渔于急流浅滩之中，恻然[1]哀之。往而渔焉，见争者皆匿其过而不谈。见有让者，则揄扬而取法之。期年，皆以深潭厚泽相让矣。夫以舜之明哲，岂不能出一言教众人哉？乃不以言教而以身转之，此良工苦心也。**

**注释**

1 恻然：哀怜悲伤的样子。

**译文**

什么叫与人为善呢？从前舜帝在雷泽捕鱼，看到深潭厚泽都被年轻力壮的捕鱼人占据了，而老弱只得在激流和浅滩处捕鱼，不由心生哀悯。他过去捕鱼时，见到争抢好位置的人，就避而不谈他们的过错。见到礼让的人，则对他们大加赞扬，并号召大家向他们学习。一年之后，捕鱼的人都纷纷把深潭厚泽让给别人。像舜帝这样明智的人，为什么不能说句话来教导众人呢？他不用言教而以身体力行使渔民转变态度，这是他用心良苦处。

**解析**

圣贤推行教化，主要依靠言传和身教，而身教往往比语言更有说服力。东汉时的贤人第五伦曾说："以身教者从，以言教者讼。"用行动来示范，别人会跟从效仿；而单单以言语来说教，则会产生纠纷。有的人自以为是，对所犯错误不以为非。如果一味与其理论，难免发生冲突，这样既不能解决问题，又伤了和气。

第五伦早年家贫，以贩盐为生。他看见街道上有垃圾，就把道路打扫干净才离去，路人都称他为有德之士。后来第五伦做了监督铸钱的官吏，当时有很多不法之徒私铸钱币，扰乱市场。他就严格规范度量衡和铸钱重量，市场上弄虚作假之事很快就消失了。由于才能卓异，第五伦后来被任命为会稽太守。他虽然身为地方高官，仍保持身教之风：亲自铡草喂马，让妻子下厨做饭；所得俸禄，只留下口粮，其余的都低价卖给贫苦百姓。会稽民风好巫鬼，百姓常常杀牛祭神，虚耗钱财。因畏于巫术，之前的几任太守都不敢禁止杀牛。第五伦到任后，严厉整治屠牛祭祀。他给各县发布文书，宣示百姓，凡有巫师依托鬼神恐吓欺骗百姓的，都要捉拿问罪。私自杀牛的人，官府都要严惩。开始的时候，百姓都很恐慌，有的巫师还妄言诅咒第五伦。经过一段时间，杀牛祭祀的风气逐渐消失，百姓都深深佩服第五伦的才干。

几年后，第五伦又被调为蜀郡太守。蜀郡土地肥沃，物产丰饶，因而官民都很富裕。官吏大多是千万富翁，生活铺张奢华。第五伦到任后，首先把家境富裕的官吏全部裁减，而改选贫寒有操守的人担任属吏。从此，贿赂之风禁绝，官场风气得到整饬。第五伦又积极举荐有德行、有才干的人，他举荐的人很多后来都担任了高官。第五伦凡事都以身作则，亲为表率，备受人们的推崇，大家都称赞他是贤人。

# 天下为公

**吾辈处末世，勿以己之长而盖人，勿以己之善而形人，勿以己之多能而困人。收敛才智，若无若虚；见人过失，且涵容而掩覆之。一则令其可改，一则令其有所顾忌而不敢纵。见人有微长可取，小善可录，翻然[1]舍己而从之，且为艳称[2]而广述之。凡日用间，发一言，行一事，全不为自己起念，全是为物立则，此大人[3]天下为公之度也。**

注释

1 翻然：形容改变得很快而且彻底。

2 艳称：羡慕并称赞。

3 大人：此处指品德高尚的君子。

译文

我们如今处在人心浮薄、世风日下的末世，切莫以自己的长处去压人，不要拿自己的善行和别人比较，也不要以自己多才多能而使人困窘。我们应该收敛起聪明才智，仿佛自己没有什么特长一样；看到别人的过错，姑且保持宽容而帮他掩盖过去。这样做一方面给别人留有改过的余地，一方面使其有所顾忌而不敢肆无忌惮。见到别人有一丁点儿长处可取，有微小的善行可效仿，就应该毅然放下身段，虚心向别人学习，并且要羡慕地称赞他，广为宣扬。凡是在生活中，每说一句话，每做一件事，全不为自己着想，全是为万事万物树立准则，这就是圣贤君子天下为公的气度啊。

# 爱敬存心

**何谓爱敬存心[1]？君子与小人，就形迹观，常易相混，惟一点存心处，则善恶悬绝，判然如黑白之相反。故曰："君子所以异于人者，以其存心也。"君子所存之心，只是爱人敬人之心。**

**盖人有亲疏贵贱，有智愚贤不肖，万品不齐，皆吾同胞，皆吾一体，孰非**

**当敬爱者？爱敬众人，即是爱敬圣贤；能通众人之志，即是通圣贤之志。何者？圣贤之志，本欲斯世斯人，各得其所。吾合爱[2]合敬而安一世之人，即是为圣贤而安之也。**

## 注释

1 爱敬存心：对人心存敬爱。

2 合爱：普遍关爱。

## 译文

什么叫爱敬存心呢？君子和小人，从表面的举动和神情来看，常常容易混淆，只有在一点存心处才善恶相差极远，差别就像黑白两种颜色那样大。所以孟子说："君子异于常人之处，就在于他们的存心。"君子所存的，只是关爱人、尊敬人的心。

人与人的关系有亲密的，有疏远的；人的地位有高贵的，有低贱的；人的才智有聪明的，有愚笨的；人的品行有贤良的，有不端正的；虽然各种品类都不一样，但都是我们的同胞，都和我们同源而生，息息相关；有谁不是应当被尊敬关爱的呢？关爱尊敬众人，就是关爱尊敬圣贤；能与众人沟通心愿，就是能与圣贤沟通心愿。为何这样说呢？圣贤的心愿，本来就是想让这个世界上的人都能各得其所。如果我们能普遍地关爱尊敬每一个人，使世人都能安定生活，那么就是替圣贤安定世间了。

## 解析

但凡有能力的人，通常会恃才傲物，瞧不上不如自己的人，有的还故意卖弄才华来哗众取宠。而一旦遇到实力强劲的对手，甚至会主动挑衅，一定要分个高低输赢。这些都是以自我为中心造成的。了凡先生认为，一个有修养的人，应能理解、体谅他人，并包容他人的缺陷。如果别人有可取之处，自己则应虚心向学，并为其广为宣扬。

春秋时期，管仲和鲍叔牙是好朋友。起初，两人合伙做生意，年终分红的时候，管仲拿走的钱比鲍叔牙多。因此就有人说管仲贪财。鲍叔牙说："管仲虽然拿的钱多，那是因为他家里贫困，需要用钱。"有好几次，管仲给鲍叔牙出谋划策，反而把事情办砸了，管仲很自责。鲍叔牙并不生气，反而宽慰管仲："事情没做成，并不是因为你愚笨，只是时机对你不利罢了。"后来，管仲步入官场，接连几次被罢免，于是就赌气闭门不出。鲍叔牙前去探望他，对他说："依我看，你这几次罢官，主要是上司不能欣赏你的才华，跟你个人能力没什么关系，你又何必生闷气呢？"于是，管仲再次复出从军打仗。在战场上，他总是躲在士兵的后边，撤退时又跑在前边。因此，大家都瞧不起他。鲍叔牙再次出来为他解围："管仲并不是贪生怕死，只是家里有老母需要照顾，不能轻易为国捐躯。"

后来，鲍叔牙和管仲分别辅佐齐国的公子纠和小白。当时两位公子都在国外，谁能抢先回国，谁就能继承君位。管仲听说小白要回齐国，就带领一班人马埋伏在路边。等车队经过时，管仲一箭射中小白乘坐的车子，小白假装被射中，躲过一劫。鲍叔牙趁机护送小白抢先回国，小白于是顺利成为国君，是为齐桓公。小白即位后，首先清算公子纠的人马。鲍叔牙劝道："我幸运地跟从君上，君上现在成为了国君。如果您只想把齐国治理好，那么有我和其他大臣就足够了。如果您想成就霸业，非管仲不可。"于是，齐桓公就释放了管仲，并拜他为相，国家大事都交给他处理。果然，管仲不负所托，使齐国日渐强大，诸侯都向齐国朝拜，齐桓公也成为春秋时期的第一位"霸主"。

管仲成为宰相后，鲍叔牙不以为自己有功，甘愿身居管仲之下。一次，管仲和别人聊天时说："我当初辅佐公子纠失败，身陷大牢，其他人都慷慨赴死，唯有我苟活了下来。别人都认为我卑鄙无耻，唯独鲍叔牙知道我还没有建功立业，不能死去。虽然是父母生养了我，可是只有鲍叔牙最了解我啊！"当时，天下人不称赞管仲的才能，而称颂鲍叔牙有知人之明，扬善之贤。

## 成人之美

**何谓成人之美？玉之在石，抵掷[1]则瓦砾，追琢[2]则圭璋[3]。故凡见人行一善事，或其人志可取而资可进，皆须诱掖[4]而成就之。或为之奖借[5]，或为之维持，或为白其诬而分其谤，务使之成立而后已。**

**大抵人各恶其非类。乡人之善者少，不善者多，善人在俗，亦难自立。且豪杰铮铮[6]，不甚修形迹，多易指摘。故善事常易败，而善人常得谤。惟仁人长者，匡直[7]而辅翼之，其功德最宏。**

## 注释

1 抵掷：投掷。

2 追琢：琢磨。

3 圭璋：圭和璋是两种贵重的玉制礼器。后用来比喻高尚的品德。

4 诱掖：扶植引导。

5 奖借：称赞推崇。

6 铮铮：刚正不阿。

7 匡直：纠正帮助。

## 译文

什么叫成人之美呢？好比美玉混杂在乱石当中，如果把它抛弃，那就跟瓦砾没什么区别。如果把它雕琢打磨，那么就是圭璋一类的贵重礼器。所以，凡是看见别人做了一件善事，或是此人志向可取而资质可以进步，那么我们都要扶植引导而帮助他成才。或是称赞推崇他，或是保护扶持他，或是替他辩明冤屈少受诽谤，务必使他能在社会上立足才罢手。

大体来说，人们都厌恶跟自己不一类的人。社会上好人少而坏人多，善人在世俗中也很难自立。况且豪杰之辈刚正不阿，不太注意自己的言行，很容易受人指摘。因此，人们做善事往往容易失败，而善人也常遭受诽谤。只有靠仁人长者的纠正和帮助，这些人的功德才最为宏大。

## 解析

见到别人的长处或优点能够诚心宣扬，才是君子之风。而一般人总是喜欢和自己相似的，厌恶和自己不同的。“木秀于林，风必摧之。行高于人，众必非之”，高出森林的大树总先被风吹倒，品行出众的人，则容易受到嫉妒和诽谤。所以，卓尔不群的人，更需要仁人义士的提携和帮助，方能茁壮成长。

国画大师齐白石幼年家贫，不得不辍学做木匠。他十分喜爱绘画，没钱上学就刻苦自修。到五十多岁时，齐白石来到北京当起了“北漂”，靠卖画为生。由于没有名气无人赏识，就算价钱比别人便宜一半，还是少有人问津。齐白石喜欢以小鸡、螃蟹、大虾、萝卜等日常题材作画，与传统文人画迥异。于是，他遭到一些同行的口诛笔伐，他们批评齐白石的画“俗不可耐”“不登大雅之堂”，对其极尽打压之能事。

1928 年，徐悲鸿到北平担任艺术学院院长，他一看到齐白石的画，就大为赞赏，认为齐白石是画坛不可多得的人才。他得知齐白石的境况后，主动登门拜访，邀请齐白石到艺术学院授课。齐白石开始不答应，觉得自己没上过几天学，怎么能给别人上课。经过徐悲鸿再三请求，齐白石深受感动，答应到学校上课。同时，徐悲鸿为齐白石举办画展，还自己掏钱高价买画，给齐白石出版画集，并亲自写序推荐。他对学生们讲："齐白石先生，可以和历史上任何丹青妙手媲美，他不仅可以做你们的老师，也可以做我的老师。"经过徐悲鸿的大力推荐，齐白石的画逐渐被社会认可，他也成了家喻户晓的大画家。对于徐悲鸿的知遇，齐白石十分感激，多次对人说"生我者父母，知我者徐君也"。二人因此成为终生好友，其事迹也成为艺苑美谈。

## 劝人为善

**何谓劝人为善？生为人类，孰无良心？世路役役[1]，最易没溺。凡与人相处，当方便提撕[2]，开其迷惑。譬犹长夜大梦，而令之一觉。譬犹久陷烦恼，而拔之清凉，为惠最溥[3]。韩愈云："一时劝人以口，百世劝人以书。"较之与人为善，虽有形迹，然对症发药，时有奇效，不可废也。失言失人[4]，当反吾智。**

**注释**

1 役役：奔走钻营、劳苦不息的样子。

2 提撕：提醒，使振作。

3 溥（pǔ）：广大而周遍。

4 失言失人：语出《论语·卫灵公》。子曰："可与言而不与之言，失人；不可与言而与之言，失言。知者不失人，亦不失言。"大致意思是一件事情，你可以和别人好好说清楚，但你不给他说，这叫作失人。一件事情，你跟别人没法说清楚，但是你硬要去讲，这叫作失言。而智者既不失人，也不失言。

**译文**

什么叫劝人为善呢？我们生而为人，谁没有良心呢？人在世俗的道路上奔走钻营，劳苦不息，最容易沉没迷失。凡是与人相处，应当用恰当的手段对其提醒警示，解开他的困惑。譬如一个人在漫漫长夜中大梦不醒，而你却能让他为之惊觉。还譬如一个人长期陷在烦恼中，而你却以清凉将他救拔出苦海，这样做的益处是最广大的。韩愈说："一时劝人以口，百世劝人以书。"这和与人为善的方法相比，虽然外露形迹，但是对症下药，常常有神奇的效验，是不可废弃的。失言失人，就应当自我反思了。

**解析**

《三字经》开篇就说："人之初，性本善。性相近，习相远。"人生下来本性是善良的，彼此都差不多。只是在后天成长过程中，由于生活环境、学习经历的不同，人的品性便逐渐产生了差异。所以，一个人生长环境及受教育的好坏，很大程度上决定了他未来的发展。

孟子是继孔子之后儒家的又一位圣贤。据说他小时候，住的地方离墓地很近。每当有丧事，一帮人吹吹打打、哭哭啼啼很是喧哗。孟子就跑过去凑热闹，回家后模仿丧礼祭拜之事。孟母看到他磕头跪拜，心想："这个地方离墓地太近，不适合孩子。"于是就把家搬到集市附近。集市上人来人往，每天都有做买卖的吆喝。孟子又耐不住性子跑出去玩，不但学别人做生意，还拿着刀比划杀猪。孟母看到了更是担忧，赶紧搬家。这一次，她把家搬到学校旁边。孟子看着别的孩子跟随老师摇头读书，低头作揖，学会了很多礼节。孟母欣慰地说："这才是适合孩子住的地方啊。"果然，孟子长大后，学业有成，成了儒家的一代宗师。

孟子在谈到为善时曾说："取诸人以为善，是与人为善者也。故君子莫大乎与人为善。"通过学习别人的长处来提高自己的品德，就相当于和别人一起做善事了。所以对于君子而言，没有什么比帮助别人培养善德更为重要。

## 救人危急

**何谓救人危急？患难颠沛[1]，人所时有。偶一遇之，当如恫瘝[2]之在身，速为解救。或以一言伸其屈抑[3]，或以多方济其颠连[4]。崔子[5]曰："惠不在大，赴人之急可也。"盖仁人之言哉！**

## 注释

1 颠沛：遭受磨难挫折。

2 恫瘝（tōng guān）：病痛，痛苦。

3 屈抑：冤屈压抑。

4 颠连：困顿不堪。

5 崔子：即崔铣，明中期著名学者，字子钟，号后渠，世称后渠先生。崔铣修身勤勉，为官清正廉明，官至南京国子监祭酒。

## 译文

什么叫救人危急呢？遭受灾难而颠沛流离，是人常遇到的事。偶然遇到这些不幸的人，我们就应该像自己身患病痛一样，迅速地去解救。或是仗义执言，为他们伸理冤屈；或是多方救济那些困顿不堪的人。崔夫子曾说："恩惠不在于有多大，能在别人处于危急时伸出援手就可以。"这是仁人君子的话呀！

## 解析

帮助别人，不一定非得要做轰轰烈烈的大事。只要是一片诚心，即使是小事，也能帮人渡过难关，并且收到意外的效果。

春秋时期，秦穆公喜爱养马。有一天，他心爱的一匹骏马走丢了，派人四处去找也没消息。于是，情急之下他亲自带着卫队到郊外寻找。他远远地望见有一群人在烤肉，旁边还有刚剥下的马皮，上前一看，正是自己走失的宝马。这群人见国君带着卫队过来，就问有何事。穆公对他们说："你们吃的是我的马！"这些人听了都很惊恐，纷纷站起来等候处罚。手下人便请示穆公应按照法律严惩这些"盗马贼"。

穆公想了想说："我听说有德之人不会因牲畜而杀人。这匹马是自己跑丢的，而且他们也并不知道是我的马，就算了吧。"他又对这群人说："我的这匹马肉质精良，不喝酒你们不好消化。"于是又赐给他们酒喝。

过了三年，秦国与晋国交战，晋兵把穆公团团围住。危急关头，突然有一支队伍冲了过来，他们拼死作战，穆公得以解围。最终秦军大败晋军，还俘虏了晋惠公。事后穆公犒赏军队，才知道这支队伍就是当初那些"盗马贼"组成的。

## 兴建大利

**何谓兴建大利？小而一乡之内，大而一邑[1]之中，凡有利益，最宜兴建。或开渠导水，或筑堤防患，或修桥梁，以便行旅，或施茶饭，以济饥渴。随缘劝导，协力兴修，勿避嫌疑[2]，勿辞劳怨。**

### 注释

1 邑：县城。

2 嫌疑：此处指猜疑。

### 译文

什么叫兴建大利呢？往小里说在一乡之内，往大里讲在一县之中，凡是有益他人的，最适合兴建。或是开通水渠导水，或是修筑堤坝防备水害，或是修造桥梁方便行人往来，或是施舍茶饭来救助饥渴之人。遇到合适的机会就劝导民众同心协力兴修公益事业，不要怕猜疑，也不要因辛苦而推辞。

### 解析

“苏堤春晓”和“三潭印月”是西湖的两大美景，它们背后有一段治理西湖的佳话。北宋大文豪苏轼曾担任杭州知州。他刚一到任，就遇上大旱，饥荒和瘟疫并发。苏轼就向朝廷请求减免当地的赋税，又低价出售官粮，并开设粥厂，发放医药，救活了很多人。苏轼经过调查发现，旱灾之所以如此严重，是因为西湖泥沙淤积得不到清理。而且，西湖中又长了很多杂草，湖面大幅萎缩。另外，连通西湖和钱塘江的运河，由于湖水枯竭，江水倒灌，每年都带来大量泥沙。为防止运河断流，每隔几年官府就要征集百姓清理河道，耗费巨大，搞得民怨沸腾。

调查清楚后，苏轼制订了全面治理的方案，对西湖进行大规模整改。他下令深挖西湖，清除淤泥，除去水草。清理出来的淤泥筑成堤坝，又在上边栽树种花，变荒滩为美景。苏轼又修建了六座石拱桥以方便行人往来。为防止水草复生，苏轼还命人在湖中种植菱角、莲藕。此外，为了确保航船往来，又建立三座石塔，规定种植区域以石塔为界。

经过此番整改，西湖又焕发了往日的生机和活力。杭州也因西湖便利的水运而成为繁华的大都市。每当风和日丽之时，百姓就到苏堤游玩，欣赏西湖美景。苏轼自己也为此感到欣慰，曾作诗道："我来钱塘拓湖绿，大堤士女争昌丰。六桥横绝天汉上，北山始与南屏通。"后人为纪念苏轼的功绩，便把西湖长堤称为"苏堤"，把白塔划出的水域呼作"三潭印月"。

## 舍财作福

**何谓舍财作福？释门万行，以布施为先。所谓布施者，只是舍之一字耳。达者内舍六根[1]，外舍六尘[2]，一切所有，无不舍者。苟非能然，先从财上布施。世人以衣食为命，故财为最重。吾从而舍之，内以破吾之悭，外以济人之急。始而勉强，终则泰然。最可以荡涤私情，祛除执吝。**

### 注释

1 六根：眼是视根，耳是听根，鼻是嗅根，舌是味根，身是触根，意是念虑之根。根者能生之义，如草木有根，能生枝干，识依根而生，有六根则能生六识。其中何种根生何种识，各有其界限，不相混，例如眼根只能生眼识，并不能生耳鼻等识，余可类推。

2 六尘：即色、声、香、味、触、法。其与"六根"相接，便能染污净心，导致烦恼，故称为尘。

### 译文

什么叫舍财作福呢？佛教有上万种修行法门，而以布施为首。所谓布施，只不过就是"舍"这一个字而已。通达此理的人，内舍六根，外舍六尘，一切都可以舍弃。若做不到这样，可以先从钱财上修行布施。世上的人以穿衣吃饭为生存之本，所以钱财最为重要。如果我们能顺从真理而舍弃钱财，对内可以破除我们的悭吝，对外可以救人之急。开始也许有些勉强，最终则心安理得，处之泰然。因此，布施最可以洗涤自私之心，消除我们对钱财的执着贪吝。

### 解析

所谓"天下熙熙皆为利来，天下攘攘皆为利往"，人类社会的正常运转离不开金钱。追求财富是普罗大众的共同心愿，但一味贪恋钱财，人就会成为金钱的奴隶。高明者则会懂得合理运用财富，当舍则舍。

战国时期，齐国的孟尝君喜爱结交贤人，门下养士三千。他为人大度，即使有的人没什么才能，只要前来投奔自己，也同样以礼相待。有一个叫冯谖（xuān）的人，家里穷得揭不开锅，就托人找孟尝君，希望能到孟尝君那儿混口饭吃。孟尝君问他："请问先生有什么爱好？有何才能？"冯谖毫不客气地回答说："我这个人没什么爱好，也没什么才能，只是想混口饭吃。"孟尝君听了微微一笑，还是收留了他。手下人觉得冯谖不学无术，于是就给他最低的待遇，粗茶淡饭勉强温饱而已。过了几天，冯谖弹起剑唱道："长剑啊长剑，咱们还是回去吧，在这儿连鱼都吃不上。"于是管家把情况报告给孟尝君，孟尝君说："给他鱼吃，按照中等门客的标准招待他。"

又过了一段时间，冯谖弹剑唱道："长剑啊长剑，咱们还是回去吧，在这儿连车都坐不上。"一旁的人都觉得可笑，就把此事告诉孟尝君。孟尝君说："给他车子，按照上等门客的标准招待他。"冯谖于是乘着马车，到处走亲访友，逢人就说："孟尝君待我太好了。"可是过了不久，冯谖又开始唱："长剑啊长剑，咱们还是回去吧，在这儿没法养家。"此时，大家都觉得冯谖贪得无厌，不愿跟他来往。而孟尝君听说后，想到冯谖家中还有老母，就派人供给他母亲衣食。

到了秋天，孟尝君想找个人去自己的封地收债，有人就推荐说："冯先生虽然没什么才能，但能言善辩，可以担当此任。"于是孟尝君就派冯谖前去。临行时，冯谖问他："我收完了债，买些什么东西回来呢？"孟尝君说："你觉得我家缺什么，就随便买些吧。"冯谖到了封地，把欠债的人都召集过来，收了有十万钱，还有些人实在拿不出钱。于是，冯谖就把收来的钱买了酒肉，宴请众人。他一面劝大家喝酒，一面让人拿出债券核对，凡有能力偿还的，就订立期限；实在还不起的，冯谖就收回债券，并假传孟尝君的命令说："君上知道大家的难处，没钱的就不用偿还了。"说完就把债券烧掉。穷人们听了非常感动，都欢呼万岁。

冯谖回来后，孟尝君听说他把债券烧了很不高兴，就责问他为何要这么做。冯谖从容地说："您说要我买些没有的东西回来，我觉得您家里什么东西都不缺，唯独'仁义'太少。我就把债券烧了，为您换些好名声。"孟尝君听后，苦笑一声，也不再追究。过了段时间，齐王听信谗言，罢免了孟尝君宰相的职务，并勒令他离开都城返回自己的封地。孟尝君一行距离封地尚有百里，当地百姓早就站在路旁迎接他。孟尝君这才恍然大悟，感慨地对冯谖说："先生给我买的‘仁义’，我今天终于看到了！”

## 护持正法

**何谓护持正法？法者，万世生灵之眼目也。不有正法，何以参赞[1]天地？何以裁成[2]万物？何以脱尘离缚？何以经世[3]出世？故凡见圣贤庙貌[4]，经书典籍，皆当敬重而修饬[5]之。至于举扬正法，上报佛恩，尤当勉励。**

**注释**

1 参赞：参，交融；赞，辅佐。此处引申为理解感悟。

2 裁成：推测裁度。

3 经世：治理国家。

4 庙貌：塑像。

5 修饬：修整。

**译文**

什么叫护持正法呢？“法”是万世生灵的眼睛。没有正法，怎么能理解天地化育演变的道理？怎么能推测体察万物的特性？怎么能脱离尘网的束缚？怎么能入世出世？因此，凡是看到圣贤的塑像和经书典籍，我们都应该恭敬尊重地进行修整保护。至于弘扬正法，上报佛恩，更应该努力为之。

**解析**

了凡先生此处所讲的正法，宽泛而言，指儒释道等一切正确有益的思想。狭义来说，即是佛法。佛教判断正法的标准有八条：（1）正见：即对事物有正确的见解。佛教认为人世的一切无非是苦，而快乐只是较低程度的苦。人们都迷失在“贪嗔痴”三毒之中不能自拔。世上的一切都变化无常，人终逃不出生老病死的束缚。（2）正思维：以正见作为指导，排除贪嗔痴的干扰，冷静地思索世界和人生。例如，了解诸行无常的道理，人就不应该贪恋花花世界；知道诸法无我，就不要再自以为是。（3）正语：即不撒谎骗人，不搬弄是非，不恶语骂人，不夸夸其谈、废话连篇。（4）正业：我们的所作所为，都要符合正道。

戒除杀生、邪淫、偷盗等恶行。（5）正命：以合法手段谋生。对在家居士来说，所做工作要遵守国家法律，并要远离杀生、酿酒、赌博等职业。出家人则要以正当手段获得资生之具。（6）正精进：即努力离恶向善，精进修道。（7）正念：一种是内心时时向善，不生邪恶之念。另一种是时时思维佛法，不忘记修行。例如，念佛之人一心默念阿弥陀佛名号，不想别的事情，就是正念的体现。（8）正定：修习前七种正道，使得心境平和，思绪不向外驰散，进入禅定的状态。

佛陀曾预言，自己涅槃后，佛法会逐渐衰败。原因之一就是正法被干扰，人们修行发生偏差。所以佛教徒向来重视对正法的护持。了凡先生身为佛子，在训示中虽然对儒家、道家思想旁征博引，但这些与佛法都有共通性。因此，广义来说，对儒、道的学习，同样也有利于护持正法。

## 敬重尊长

**何谓敬重尊长？家之父兄，国之君长，与凡年高、德高、位高、识高者，皆当加意奉事。在家而奉侍父母，使深爱婉容[1]，柔声下气，习以成性，便是和气格天[2]之本。出而事君，行一事，毋谓君不知而自恣[3]也。刑一人，毋谓君不知而作威也。事君如天，古人格论[4]，此等处最关阴德。试看忠孝之家，子孙未有不绵远而昌盛者，切须慎之。**

### 注释

1 婉容：温柔和顺的仪态。

2 格天：与天相感通。

3 自恣：自我放纵，不受约束。

4 格论：至理名言。

### 译文

什么叫敬重尊长呢？家里的父辈及兄弟，国中的君王和长官，以及凡是年龄、道德、地位、见识高的人，都应该格外用心地侍奉。在家侍奉父母，使深爱父母的心，温柔和顺的仪态，恭敬谦卑的态度都能养成习惯，这便是以和气感通上天的根本。出来侍奉君王，每做一件事，都不要认为君主不知道而自我放纵。每处罚一个人，也不要认为君主不知道而利用威权滥施刑罚。侍奉君主就像侍奉上天那样，的确是古人的至理名言，这些地方与阴德最密切相关。试看那些忠孝之家，子孙后代没有不流传久远且家门兴旺的，所以必须要谨慎对待。

**解析**

中国自古就有“移孝作忠”的传统。孔子曾说：“如果有人孝顺父母，顺从兄长，而喜欢触犯领导，这样的人是很少见的。不爱触犯领导，而喜欢作乱的人是不存在的。做人的根本建立了，才会生出治国的大道。孝顺父母，顺从兄长是仁政的根本啊。”所以，在儒家“三纲”中就有“父为子纲，君为臣纲”的规定。儿子须服从父亲，臣子须服从君主。而君臣之间的关系，则与父子相似：君父要关爱臣子，臣子要忠于君父，双方共同恪守伦理道德规范。

正因为孝道跟政治密切相关，所以中国历代都标榜以孝治天下。在汉代，石奋、石庆父子可以说是恭谨的典型。石奋最初是汉高祖刘邦的侍者，虽没有文学才华，但为人恭敬严谨，因此受刘邦赏识，后来做了俸禄达二千石的高官。他的四个儿子跟他一样为人恭谨，也都做到了二千石的高官。所以，人们都称他为“万石君”。万石君退休后，每逢朝廷举行盛大典礼，都受邀出席。经过皇宫门楼时，万石君一定要下车急走，表示恭敬。路上见到皇帝的车驾，也一定要手扶在车轼上以示致意。有时皇帝赏赐食物送到他家，万石君一定要叩头跪拜之后，才弯腰低着头吃，就好像皇帝在自己面前一样。

石庆是石奋最小的儿子，他在兄弟中算是行为比较粗疏的。有一次，石庆为皇帝驾车，皇帝问他驾车的马有几匹。石庆听后就用马鞭一一清点，然后才举手说：“一共六匹。”有一次石庆喝醉酒回来，进入大门时没有下车。车子呼啸而过，惊扰到了路边的乡邻。万石君听到这件事后就不肯吃饭。石庆很害怕，就袒露上身跪下请罪，但万石君仍不允许。直到全族的人都为他求情，万石君才对石庆说：“你现在担任内史，地位显赫，进入里门时，乡亲父老都急忙回避，而你却坐在车中浑然不觉，不知约束自己，本是应该的嘛！”说完就吩咐石庆走开。从此以后，石庆和石家的弟兄们进入里门时，都下车快步走回家。后来汉武帝继位，认为石庆能笃行孝道，就任命他为丞相，并封为牧丘侯。

## 爱惜物命

**何谓爱惜物命？凡人之所以为人者，惟此恻隐之心[1]而已。求仁者求此，积德者积此。《周礼》："孟春之月，牺牲[2]毋用牝[3]。"孟子谓"君子远庖厨"，所以全吾恻隐之心也。故前辈有四不食之戒，谓闻杀不食，见杀不食，自养者不食，专为我杀者不食。学者未能断肉，且当从此戒之。**

**渐渐增进，慈心愈长，不特杀生当戒，蠢动[4]含灵，皆为物命。求丝煮茧，锄地杀虫，念衣食之由来，皆杀彼以自活。故暴殄[5]之孽，当与杀生等。至于手所误伤，足所误践者，不知其几，皆当委曲防之。古诗云："爱鼠常留饭，怜蛾不点灯。"何其仁也！**

注释

1 恻隐之心：对他者的不幸抱有的同情怜悯之心。

2 牺牲：祭祀用的牲畜。

3 牝（pìn）：雌性动物。

4 蠢动：蠕动的虫子。

5 暴殄（tiǎn）：此处指肆意浪费。

译文

什么叫爱惜物命呢？人之所以为人，只因有此同情怜悯之心罢了。求仁者追求的就是它，积德者积攒的也是它。《周礼》中说："正月里，祭祀不用雌性牲畜。"孟子也说"君子应该远离厨房"，都是为了保全我们的同情怜悯之心呀。因此，前人有四不食的戒律：宰杀时听到动物悲鸣的不吃，目睹宰杀过程的不吃，自己养的不吃，专门为我杀的也不吃。学者若未能断肉，暂从这四条戒律做起。

这样渐渐进步，慈悲心逐渐增长，不仅杀生应当戒除，即便是小虫子也是有灵性的生命。煮茧获取蚕丝，锄地杀死昆虫，都是杀害生命来养活我们。所以，铺张浪费的罪孽，当与杀生同等。至于手所误伤，脚所误踩的，不知道有多少，都应当小心防范。古诗云："爱鼠常留饭，怜蛾不点灯。"是多么仁爱啊！

解析

恻隐之心人皆有之，对生命的怜悯，是人心本有的功能。儒家有"闻其声，不忍食其肉”的感叹，而佛教更是以杀生为重罪，学佛必须要“戒杀”。不过，释迦牟尼佛在世时所制订的戒律，并不禁止佛教徒吃肉。佛经中所说的“荤”是指：大蒜、葱、荞头、韭菜、兴渠五种带有刺激性气味的蔬菜，又称“五辛”。早期佛教徒可以吃没有看见、听闻或怀疑为了自己而杀的肉类，即三净肉。了凡先生所讲的四不食，就是在此基础上扩充而来的。但是，在大乘佛教经典中，也有佛陀禁止食肉的记录。例如《涅槃经》中就说：“夫食肉者，断大慈种……是故菩萨不习食肉。”

佛教传入中国后，梁武帝萧衍大力提倡素食，他曾撰写《断酒肉文》阐明佛教徒食素的必要性。从此，中国汉地佛教徒才断绝食用肉类。佛教戒肉的原因主要有三点：第一，佛教徒，尤其是出家人是人天师表，应该严格自律，断绝肉食。第二，肉类难以消化，常吃肉容易使人头脑发昏，意识散乱，不利于修行。第三，食肉间接助长了杀生，不利于培养慈悲心。佛教提倡众生平等，认为一切生命都有佛性。人类应该慈爱万物，不可恃强凌弱，肆意杀戮众生。

依靠杀戮其他生命以自活，本已不仁，如果还不珍惜所得，那实在是暴殄天物，罪莫大焉。

## 万善兼备

**善行无穷，不能殚述。由此十事而推广之，则万德可备矣。**

**译文**

善行的类别无穷，不能一一讲述。由这十件事推而广之，那么一切德行都具备了。

**解析**

了凡先生一共提出了十种为善之道：与人为善、爱敬存心、成人之美、劝人为善、救人危急、兴建大利、舍财作福、护持正法、敬重尊长、爱惜物命。这些论述既有具体事例，又有道理论证，说服力很强。其内容几乎覆盖了社会生活的方方面面，为构建完善的道德体系描绘了美好的蓝图，值得我们认真品味。

# 肆

# 谦德之效

## 导读

本章中，了凡先生在众多善德中，单独对“谦虚”做了介绍。受《易经》的影响，他认为天地鬼神皆好谦而恶满。谦虚之德好比大地，能生发万物，是提升道德修养的基本条件，因此最为重要。由于是给儿子的训导，所以本章所举事例多与科举考试相关。

他认为，人要想求得功名富贵，首先自己要有接受福气的基础方可。气量狭窄，听不得批评指正，好与人争讼，都是福德浅薄的表现，无法得到上天的眷顾。人只有谦虚谨慎，常感不足，才能不断提高写作水平，临考也才能高水平发挥。最后，了凡先生再三叮嘱，做任何事都要有坚忍不拔之志，所思所为，都要围绕所求之事展开，不忘初心，方得始终。

## 天道益谦

**《易》曰:“天道亏盈[1]而益谦,地道变盈而流谦,鬼神害盈而福谦,人道恶盈而好谦。”是故《谦》之一卦[2],六爻[3]皆吉。《书》曰:“满招损,谦受益。”予屡同诸公应试,每见寒士将达,必有一段谦光可掬[4]。**

### 注释

1 盈:满,饱和。

2《谦》之一卦:《谦卦》是《易经》六十四卦之第十五卦。上卦为坤为地,下卦为艮为山。《谦卦》艮下坤上,为地下有山之象。山本高大,但处于地下,高大显示不出来,在人则象征德行很高,但能自觉地不显扬。

3 六爻:爻的本义是交错、效用。《易经》卦象的两个符号,一个是“—”,代表阳爻。另一个是“--”,代表阴爻。每一卦,都由六爻组成。

4 谦光可掬:满脸都流露着谦虚的神采,好像可以用手捧取。

### 译文

《易经》说:“天道运行的规律是要盈满的亏损而让不满的增加,地道的法则是让盈满的溢出而流向低洼不足之处,鬼神通常损害那些盈满的人而降福给那些匮乏的人,人的本性也是讨厌那些自满的人而喜好谦虚的人。”所以《谦卦》中的六爻都是吉利的。《尚书》说:“骄傲自满会招致亏损,谦虚谨慎会获得益处。”我屡次与大家一同参加考试,每次看到贫寒之士将要发达,脸上必有谦和的神采流露出来。

### 解析

《谦卦》是《易经》第十五卦。此卦上卦为坤,象征大地;下卦为艮,意为高山。全卦为地下有山之象,山虽高大,但处于地之下,显示不出高大雄伟来。了凡先生借此说明人如果德行很高,谦虚冲退,才能经常处于平安吉祥之中。乾、坤是《易经》中的一组重要概念,《乾卦》《坤卦》是《易经》的前两卦。前者为阳为刚,后者为阴为柔。《易经》认为“天行健,君子以自强不息。地势坤,君子以厚德载物”,坤的特性就是包容、承载。而天之道,损有余而补不足。因此,了凡先生认为谦虚之德与天道相合。

孔子一生好学不倦，凡是遇到自己不了解的东西都虚心向人请教。孔子周游列国，有一次，路上遇到两个小孩子在辩论，于是他就向前询问原因。一个小孩说："我认为太阳刚升起时离我们近，到了中午才离我们远。"另一个小孩接着说："不对，不对。我觉得太阳是刚升起时离我们远，到了中午更近一些。"孔子就说："请你们说说各自的理由，我看看谁讲的更有道理。"

第一个小孩子说："太阳刚出来时，就像车顶撑的伞那么大。而到了中午，就变得像盘子那么小。这难道不是因为距我们远才小，距我们近才大吗？"第二个小孩子反驳说："不对，不对。太阳刚出来时，气温很低，等到了中午就很暖和了。这难道不是因为距离我们近才温度高，距离远而温度低吗？"孔子听后，笑着说："恕我知识浅薄，你们俩的话，我也分辨不出谁是谁非。"

这个故事出自《列子》，虽然未必是真的，但反映了孔子谦虚好学的态度。孔子以博学多才闻名于世，曾有学生夸赞他是生而知之者。孔子解释说："我并不是生下来就知道这么多知识，而是勤于求索，不断学习的结果。"虚心使人进步，讲的就是这个道理。

## 惟谦受福

**辛未计偕[1]，我嘉善同袍[2]凡十人，惟丁敬宇宾[3]，年最少，极其谦虚。**

**予告费锦坡曰："此兄今年必第。"**

**费曰："何以见之？"**

**予曰："惟谦受福。兄看十人中，有恂恂款款[4]，不敢先人如敬宇者乎？有恭敬顺承，小心谦畏如敬宇者乎？有受侮不答，闻谤不辩，如敬宇者乎？人能如此，即天地鬼神，犹将佑之，岂有不发者？"**

**及开榜，丁果中式。**

注释

1 计偕：此处指举人入京参加科举考试。

2 同袍：袍泽，用于称呼同学、朋友。

3 丁敬宇宾：即丁宾。字敬宇，隆庆五年（1571）进士。曾任御史、南京工部尚书，后累加至太子太保。

4 恂恂款款：恂恂，小心谨慎的样子；款款，诚恳忠厚的样子。

## 译文

辛未年（1571）举子进京赶考，我们嘉善的同学共有十人，其中丁宾年纪最小，人极其谦虚。

我告诉费锦坡："这位仁兄今年必定高中。"

费锦坡说："何以见得呢？"

我说："唯有谦虚的人才能受福。费兄你看看我们十人当中，有像敬宇那样谦逊谨慎、忠厚诚恳，不敢在人之先的人吗？有像敬宇那样恭敬顺承，小心谦和的人吗？有像敬宇那样受到侮辱而不回应，听闻诽谤也不辩驳的人吗？人能做到这些，即使是天地鬼神，也都会保佑他的，怎么可能不发达呢？"

等到考试成绩公布，丁敬宇果然高中。

## 解析

丁宾曾官至南京工部尚书，为一代名臣。据记载，丁宾早年为了考取功名，平时醉心于八股文，对其他书籍涉猎极少，曾闹出不少笑话。一次，他前去拜访自己的主考官王锡爵，王锡爵告诉他："你现在既然已经中了进士，就应该看一些古文，提高自己的文学水平。"丁宾就问："应看哪些人的书呢？"王锡爵说："像韩（愈）柳（宗元）欧（阳修）苏（轼）的文章就可以。"丁宾不解地问："韩柳欧苏是一个人还是两个人的名字？"王锡爵见他搞不清楚，又说多读读史书也可以，"二十一史"应常常翻阅。丁宾听了又问："二十一部史书，一个人怎么能写这么多呢？"

后来，丁宾发奋读书，最终成为了博学多才、道德淳厚的贤人。他为官刚直不阿，原则性很强。万历年间，御史刘台因弹劾内阁首辅张居正被削籍为民。后来，原辽东巡抚张学颜与刘台不和，便诬告刘贪污。于是，张居正就让丁宾前往辽东搜寻刘台的罪证。丁宾不愿诬陷刘台，于是就推辞不出，因而被罢官。张居正死后，丁宾才复出。他在南京工部尚书任内，每逢旱涝灾害，总是向朝廷报请赈济灾民，甚至捐出自己的家产。他经常捐粮捐钱赈济贫民，还拿出大部分积蓄在家乡修建了五座石桥。了凡先生仰慕丁宾的为人，在写给他的信中说："您真可谓以真实之心行忠孝之事。做事不敢为天下先，处处谦退。虽然您讲得不多，但听者都很信服。能以至柔而胜天下之至刚，以无为而胜天下之有为，实当世之伟人，而理学之巨擘。”

## 虚心受教

**丁丑在京，与冯开之[1]同处，见其虚己敛容[2]，大变其幼年之习。李霁岩直谅[3]益友，时面攻其非，但见其平怀顺受，未尝有一言相报。予告之曰：“福有福始，祸有祸先，此心果谦，天必相之，兄今年决第矣。”已而果然。**

### 注释

1 冯开之：即冯梦祯。字开之，号具区。明代著名诗人、佛教居士。1577年中进士，曾任翰林院编修。冯梦祯为人高旷，好读书，喜奖掖后学，诗文疏朗通脱，造诣很高。

2 敛容：收敛笑容，露出严肃的神色。

3 直谅：正直诚信。

### 译文

丁丑年（1577）我在京师，与冯开之住在一起，见他虚怀若谷，神情庄重，大大改变了幼年时的习性。李霁岩是位正直诚信的益友，时常当面指出他的错误，只见开之兄心平气和地顺从接受，从没有回过一句话。我告诉开之：“福报有其根源，祸患有其征兆，心中果然谦逊，上天必然会相助。兄今年一定会考中。”此后开之果然考中了进士。

### 解析

冯开之是明代中晚期的文化名人。因收藏有王羲之的《快雪时晴帖》，所以其藏书楼名为“快雪堂”。他为人风趣，生性洒脱，在佛学、诗文、书画等方面都有精深的造诣。冯开之喜爱品茶，经常陶醉于取泉、烧水、洗杯、涤壶、捡茶等琐事当中。有人问他为何这样，他回答说：“这些事好比是美人，岂能落在别人手上？”他虽然乐此不疲，但有时也闹出笑话。

一次，童子准备好茶壶，正赶上他跟朋友聊得兴起，没放茶叶就端了上去。冯开之喝着白开水，捋着胡子笑呵呵地说：“好茶，好茶。”还不断向朋友大谈泡茶之法。客人为了不扫他兴，也只好边喝白开水边称赞：“好茶！好茶！”一转身，朋友们都称他为“白水先生”。

还有一次，他和朋友去杭州龙井村，朋友拿过来几包龙井茶让他分辨真假。结果冯先生喝完后，连连摇头，表示没有一家是正宗龙井。后来，有人送来一小包茶叶，口口声声说是真品。冯先生和朋友品尝之后，感觉其味道清香四溢，与众不同，遂认定此为真品。结果围观的茶农哄然大笑，纷纷指责他不辨真假：这一小包茶叶才是赝品，刚才喝的几包才是当地出产的正宗龙井。

## 谦逊好学

**赵裕峰光远，山东冠县人，童年举于乡，久不第。其父为嘉善三尹[1]，随之任。慕[2]钱明吾，而执文见之。明吾悉抹其文，赵不惟不怒，且心服而速改焉。明年，遂登第。**

**注释**

1 三尹：主官手下掌管公文、书信的佐吏。

2 慕：仰慕，敬仰。

**译文**

赵裕峰，名光远，是山东冠县人。年少时就中了举人，但以后屡试不中。他父亲在嘉善衙门做文书工作，光远就跟着父亲一起上任。他一直很仰慕钱明吾，于是就带着自己写的文章前去拜访。不料，钱明吾竟然把他写的文章都涂掉了，光远不但不生气，还心悦诚服，很快就改变了作文法度。第二年，光远就登第了。

**解析**

“虚心使人进步”，作为学生，只有虚心接受师长的教导，才能弥补不足，不断进步。如果固执己见，对别人的意见充闻不闻，只会故步自封，难成栋梁。

张良是西汉的开国功臣，他的祖父、父亲曾担任韩国的宰相。秦统一天下后，张良散尽家财，结交豪杰为韩国报仇。他找到一位大力士，能抛举一百二十斤的大铁锤。他们趁秦始皇巡游时暗中埋伏，在博浪沙袭击秦始皇的车队，可惜误中随行车辆。秦始皇大为震怒，命令全国大举搜捕刺客。张良逃到下邳隐居。有一天，张良在桥上散步，迎面走来一位老者。他走到张良面前，故意把鞋子掉到桥下，对张良说："小子，你下去把鞋给我拿上来。"张良一听，又惊又恼，想揍他一顿，但见他年老体衰，就勉强下桥把鞋子捡了回来。谁知那个老人不但不感谢，还伸出脚说："你给我穿上。"张良心想，捡都捡了，就给他穿上算了，看看有什么花样。老者穿上鞋后，走了一里多路又返回对张良说："你这个小子是可以教导的啊，五天后天快亮时，在这儿等我。"

五天后，张良早早地赶了过去，结果老者已经先到了。他怒斥张良说："你跟老人家约定的事，怎么能迟到呢？你回去吧，五天后再来！"又过了五天，等鸡刚打鸣，张良就动身出门了。结果还是老人先到，他又批评张良迟到。五天后，张良再次动身，他这次半夜就前去等候，终于赶在老者前边先到了。老人见他信守承诺，就高兴地说："年轻人向别人请教，就应该要有这个态度。"于是，他就拿出一部书给张良，说："你回去好好研读此书，以后就可以当帝王的老师了。"张良学成之后，就辅佐沛公刘邦，刘邦对他言听计从。汉朝建立后，刘邦封他为留侯，并评价说："运筹策帷帐之中，决胜于千里之外，这是张良的功劳啊。"

## 智慧洞开

**壬辰岁，予入觐[1]，晤[2]夏建所[3]。见其人气虚意下，谦光逼人。归而告友人曰："凡天将发斯人也，未发其福，先发其慧。此慧一发，则浮者自实，肆者自敛。建所温良若此，天启之矣。"及开榜，果中式。**

**注释**

1 入觐：进京朝见皇帝。

2 晤：见面，拜会。

3 夏建所：即夏九鼎。字台卿，万历壬辰（1592）进士，是东林党领袖顾宪成的学生，官至安福令，爱民如子，操守清正。

## 译文

壬辰年（1592），我入京朝见皇帝，与夏建所先生会面。我见他神色谦虚，性情和顺，谦和之光逼人。回来我就对朋友说："凡是上天要让某个人发达，未开发他的福德，先开发他的智慧。智慧一旦开发，那么轻浮的人自然就变得成熟稳重，肆无忌惮的人自然就学会收敛。建所如此温良，看来是上天开启了他的智慧啊。"等到开榜，他果然考中了。

## 解析

谦逊并非是一味地退让，而应该是深思熟虑后的智慧选择。胡林翼是晚清名臣，与曾国藩、左宗棠、李鸿章并称中兴四大名臣。他刚担任湖北巡抚时，与同僚湖广总督官文关系紧张。原来，清廷为防止地方大员专权，故意设置一山兼容二虎的管理模式。论级别，总督高于巡抚，但是二者互不统属，而且两者所负责的职权互有重叠，这就造成督抚之间互不买账，明争暗斗，大大影响办事效率。

官文是满洲正白旗人，朝廷派他来的目的就是有意分胡林翼的权。官文为人昏庸无能，贪图钱财，滥用私人，搞得湖北官场乌烟瘴气。胡林翼气愤之下，打算写奏折弹劾官文。这时，有幕僚劝他说："太平天国以来，南方各省基本上都由汉人掌控，这些人手握兵权，让朝廷如何放心？你现在弹劾总督，将来闹起来，恐怕正中了朝廷的下怀。眼下当务之急是要和官文搞好关系，取得他的支持才是。"

不久，官文的六姨太过生日。官文平日对她极为宠爱，这次更是广发请柬，准备大办一场。可是，湖北官员对官文素无好感，为小妾捧场又太失身份，都不愿前来。等到生日那天，总督府冷冷清清，摆好的酒席空无一人，官文和六姨太尴尬万分。就在此时，胡林翼带着家人前来赴宴，他太太还送了六姨太很多礼物。官员们见巡抚来了，于是也就陆续赶来庆贺。

六姨太赚足了面子，就提出要拜胡林翼的母亲为干娘，胡老夫人不仅一口答应，还送了一副金镯子当见面礼，并让她认胡林翼为干哥哥。胡林翼这次给足了官文面子，以后处理政务也处处把官文放在自己前边。官文见胡林翼处处维护自己，也乐得当甩手掌柜，军政大事，都放手胡林翼办理。没过几年，湖北兵多粮足，成了支撑东南战场的重镇，为湘军日后平定太平天国奠定了坚实基础。

胡林翼讨好官文的小妾，曾国藩起初对此十分鄙视，讥笑胡林翼太软弱，没有气节。后来，当湖北源源不断支援湘军粮饷时，曾国藩这才明白胡林翼的智慧：柔弱胜乎刚强。有智慧的人不会一味锋芒外露，为人谦逊，有时更有利于达成目的。

## 改过自新

**江阴张畏岩，积学[1]工文，有声艺林[2]。甲午，南京乡试，寓一寺中，揭晓无名，大骂试官，以为眯目[3]。时有一道者，在傍微笑，张遽[4]移怒道者。**

**道者曰："相公文必不佳。"张益怒曰："汝不见我文，乌知不佳？"道者曰："闻作文，贵心气和平，今听公骂詈，不平甚矣，文安得工？"**

**张不觉屈服，因就[5]而请教焉。道者曰："中全要命，命不该中，文虽工，无益也。须自己做个转变。"张曰："既是命，如何转变？"道者曰："造命[6]者天，立命[7]者我。力行善事，广积阴德，何福不可求哉？"**

**张曰："我贫士，何能为？"道者曰："善事阴功，皆由心造，常存此心，功德无量。且如谦虚一节，并不费钱，你如何不自反而骂试官乎？"**

**张由此折节[8]自持[9]，善日加修，德日加厚。丁酉，梦至一高房，得试录一册，中多缺行。问旁人，曰："此今科试录[10]。"问："何多缺名？"**

**曰："科第阴间三年一考较，须积德无咎者，方有名。如前所缺，皆系旧该中式，因新有薄行[11]而去之者也。"**

**后指一行云："汝三年来，持身颇慎，或当补此，幸[12]自爱。"是科果中一百五名。**

**注释**

1 积学：博学。

2 艺林：此处指学界。

3 眯目：闭上眼睛。

4 遽（jù）：仓促，骤然。

5 就：靠近，挨着。

6 造命：制造命运，此处指命运的主宰。

7 立命：此处指通过修身养性来把握、改变命运。

8 折节：放下自己的身段或改变平时的志趣、行为。

9 自持：自我克制和把持。

10 试录：考试录取的名单。

11 薄行：行为轻薄不端。

12 幸：希望。

## 译文

江阴人张畏岩，学问渊博，文章写得很出众，在读书人当中颇有声望。甲午年（1594），南京乡试，他住在一所寺庙中，等到结果出来，畏岩没有考中。于是他就大骂考官没睁眼睛。当时有个道人在他身旁微笑，畏岩就骤然迁怒于他。

道人说："相公的文章必定写得不怎么好。"张畏岩听后更加愤怒地说："你没见过我的文章，怎么就知道不好呢？"道人说："我听说写文章贵在心平气和，现在听你破口大骂，可见心里相当不平，文章又怎么会写得好呢？"

张畏岩听了道人的回答，不觉理屈词穷，于是就走上前去向他请教。道人说："考中功名全靠自己的命。命里不该考中，即使文章写得再好，照样没有用。必须要自己做个转变才行。"张畏岩问："既然是命，又如何转变呢？"道人回答说："命运是由上天主宰的，而能否把握住命运，进而改变命运则在我们自己。努力做善事，广积阴德，什么福报不能追求到呢？"

张畏岩又说："我是个穷书生，能做什么呢？"道人说："善事和阴功都由心生，常存为善之心，功德无量。况且像谦虚一事，并不花费钱财，你为什么不反躬自省而咒骂考官呢？"

张畏岩从此放下身段，努力克制，每天努力行善，德行日加深厚。丁酉年（1597），他梦见自己到了一座高大的房子里，看到一册科考的录取名单上面有很多缺行。他就问旁边的人是何缘故，那人说："这是今年科举考试的录取名单。"他又问："为什么有这么多缺名呢？"那人告诉他："阴间每三年都要对参加科考的人考核一次，必须是积德行善、身无过错的人，上面才会有他的名字。像名单上所缺的名额，都是因为最近品行不端而被除名的人。"接着，那个人指着名单上的某行说："你三年来对自己的言行要求颇为谨慎，或许这次能填补此处的缺额。希望你能洁身自爱。"这次考试，张畏岩果然榜上有名，考了第一百零五名。

## 解析

人遇到挫折，通常有两种应对措施。一种是怨天尤人，抱怨运气不好，抱怨别人不帮助自己……总之，自己没有任何问题，困难都是外部环境造成的。另一种是“反求诸己”，一切从自己身上找原因。爱抱怨的人总是找各种借口为自己开脱，对存在的问题视而不见。而懂得自我反省的人，则能够认识自己的错误，然后改正、克服缺点，不断完善自我。

所谓“不识庐山真面目，只缘身在此山中”，要想认清自己的问题，就要虚心听从别人的劝告。唐太宗李世民是位虚心纳谏的君主，为了不断发现、改正错误，他时常鼓励大臣劝谏。有一次，李世民问魏徵：“最近朝臣都不议论国事，这是为什么呢？”魏徵回答说：“陛下虚心纳谏，当然是对进谏之臣的鼓励。然而，人的才能各有不同。懦弱的人，有忠直之言不敢讲；与陛下疏远的人，害怕不被信任而不得言；心里只追求利禄的人，考虑到可能不便于自己的利益，就不敢言。所以大家沉默相对，苟且着过日子。”李世民回答说：“确实像你说的这样。我每次想到臣下如果想要进谏，就要防着死亡之祸，这样的进谏与赴汤蹈火、上刀山剑林又有什么区别呢？所以忠贞之臣并不是不想尽忠，只是尽忠是件极难的事。我现在则要敞开胸怀，广纳诤谏。你们都不要害怕，只管进谏就是。”

魏徵便说：“此前宫城北门大兴土木，宰相房玄龄、高士廉曾向陛下进谏。您不但不听从，还训斥说：‘你们只要管好自己衙门的事就行了，我北门有什么工程，关你们什么事？’结果房玄龄和高士廉吓得磕头认错。我不明白陛下为什么责怪他俩，也不明白房玄龄和高士廉为什么要下跪认错。”李世民说：“你有什么不明白？”魏徵说：“房玄龄既然担任宰相，就是皇上的股肱和耳目，皇上有营造的工程，为什么不要让他知道呢？皇上责怪他不应去问管理的官员，这是我不明白的地方。况且，所造的工程有什么利害，使用了多少民工，都是大臣该知道的。陛下所做的是好事，就要帮助陛下完成；所做的不是好事，即使已经在营造了，也要奏请陛下停工。这本来就是君主使用臣子、臣子侍奉君主之道。房玄龄等人过问是无罪的，而陛下责怪他们，这是我第一个不理解的地方。房玄龄等人没有认识到自己的职守，只知道歉认错，我也不理解为什么。”李世民一听，羞愧万分，立即下阶向房玄龄、高士廉认错。

# 志向坚守

**由此观之，举头三尺，决有神明；趋吉避凶，断然由我。须使我存心制行，毫不得罪天地鬼神。而虚心屈己[1]，使天地鬼神，时时怜[2]我，方有受福之基。彼气盈者，必非远器[3]，纵发亦无受用。稍有识见之士，必不忍自狭其量，而自拒其福也。况谦则受教有地，而取善无穷，尤修业者所必不可少者也。**

**古语云："有志于功名者，必得功名；有志于富贵者，必得富贵。"人之有志，如树之有根，立定此志，须念念谦虚，尘尘方便[4]，自然感动天地，而造福由我。今之求登科第者，初未尝有真志，不过一时意兴耳。兴到则求，兴阑[5]则止。孟子曰："王之好乐甚，齐其庶几乎？"予于科名亦然。**

## 注释

1 屈己：严格要求自己。

2 怜：此处指怜爱。

3 远器：才华出众，能做一番大事的人。

4 尘尘方便：尘尘，无量无数，时时处处；方便，便利，帮助。

5 阑：将尽，消退。

## 译文

由此可见，举头三尺，必定有神明在监督；趋吉避凶，完全由我们自己把握。这就要求我们须心存善念，克制自己的行为，丝毫不能得罪天地鬼神。而且要虚心谦逊，严格要求自己，使天地鬼神时时怜爱我们，才能打下接受上天降福的基础。那些骄傲自满、趾高气扬的人，必定不能成就一番大业，即使发达了也无福消受。稍微有些见识的人，必定不会忍心使自己心胸狭窄，而拒绝本应得到的福报。况且，只有为人谦虚，才会有接受教诲的机会，从而受益无穷。尤其对于修习举业的士子来说，更是必不可少的。

古话说："有志于追求功名的人，必定会得到功名；有志于追求富贵的人，必定会得到富贵。"人有志愿，就好比树木有根，志愿树立坚定后，还须念念保持谦虚，时时处处与人方便。如此，自然会感动天地，所以说造福全在我们自己。现今追求科举功名的人，起初就没有真心实愿，只不过是一时兴起罢了。兴致来了就去追求，兴致消退了就止步不前。孟子曾对庄暴说："齐王如果非常喜爱音乐，那齐国便会治理得很不错了。”对于科名，我的看法也是如此。

解析

了凡先生认为天地鬼神好谦德而恶骄满，故谦逊者能获神明保佑，这应该是受文昌帝君信仰的影响。在古代，人们普遍认为文昌帝君是主管科名文运的神灵。早在宋代，读书人就已普遍祭拜文昌。民间流传有《文昌帝君阴骘文》，此书以通俗的语言劝人行善积德。“阴骘”一词，意谓冥冥之中，上天在暗中保佑善人。此书认为神明奖善惩恶，所以人们应当多积阴德，做了好事也不要四处张扬。即使个人独处，也不可做坏事。这些观点与了凡先生所言多有相似处，故在此将《文君帝君阴骘文》全文附录于后，以供读者参考。文中所引典故，为方便读者阅读，与译文合在一处，不再另注。

## 文昌帝君阴骘文

**帝君曰：吾一十七世为士大夫身，未尝虐民酷吏。救人之难，济人之急，悯人之孤，容人之过，广行阴骘，上格苍穹。人能如我存心，天必赐汝以福。**

**于是训于人曰：昔于公治狱，大兴驷马之门。窦氏济人，高折五枝之桂。救蚁，中状元之选；埋蛇，享宰相之荣。**

译文

文昌帝君说：我第十七世转生为人，现士大夫身，从未虐待百姓和下属。时常救助别人渡过难关，在他人陷入危机时出手相助，怜悯孤儿，包容他人的过失，广行阴功，上感天心。如果有人能像我一样存心，上天必定会赐给他福德。

于是就告诫世人说：汉朝时的于公，审理案件公正合理，大家对他的判决丝毫没有怨言。他盖房子时，修了一座能容纳四匹马并排通行的大门。有人问为何修这么宽的门，他说自己做官时从未冤枉好人，因此子孙必定有兴旺发达的，现在建宽敞些，省得以后扩建。后来他儿子于定国果然官至丞相，孙子于永也官至御史大夫，并封侯传世。五代时的窦禹钧，三十多岁时还没有儿子。有一次他梦见故去的祖父对他说：“你命里不仅没有儿子，还很短命，要赶快多积阴德挽回。”此后他努力为善，救济贫弱，广积功德。数年后连生五子，他们长大后都做了官，窦禹钧也活到了八十二岁。

宋朝的宋郊、宋祁是两兄弟。曾有僧人为他们看相，说弟弟会考中状元，而哥哥的功名比他还高。兄弟俩听了莫名其妙，怎么会有比状元还高的功名呢？一天下暴雨，哥哥宋郊看到院子里的蚁穴被大雨冲毁，于是编了竹篾，救起落水的蚂蚁。等考试结果出来后，宋祁第一，宋郊第三。此时献章太后主政，她认为弟弟排在哥哥之前，有违纲常伦理，于是就擢升宋郊为状元。楚国人孙叔敖，有一次出游，遇到一条两头蛇，他就把它杀死并掩埋了。回家后，孙叔敖哭着对母亲说：“我听人说，谁要是见到了两头蛇就会死，我已经见到，估计活不久了。”母亲问他蛇在哪里，孙叔敖说：“我担心其他人看见也会遭遇不测，就把蛇杀死埋了起来。”母亲对他说：“两头蛇毒性很强，所以人们才传说遇到的人都会死。你如今把蛇杀了，不会遭遇不测的。我听说，积累阴德的人必定有善报，你以后肯定能做大事！”后来孙叔敖果然做了楚国的宰相。

**欲广福田，须凭心地，行时时之方便，作种种之阴功。利物利人，修善修福。正直代天行化，慈祥为国救民。存平等心，扩宽大量。忠主孝亲，敬兄信友。和睦夫妇，教训子孙。毋慢师长，毋侮圣言。或奉真朝斗，或拜佛念经。报答四恩，广行三教。谈道义而化奸顽，讲经史而晓愚昧。济急如济涸辙之鱼，救危如救密罗之雀。**

**译文**

因此，想要广种福田，就得心存善念，时刻想着方便别人，积累种种阴德。利益他人，多做善事，勤修福德。用正直的德行教化世人，以慈祥之心服务国家，救护民众。应平等待人，宽宏大量。忠于君主，孝敬双亲。敬爱兄长，诚信待友。夫妻之间要和睦相处，对子孙要严加教育。不得对师长傲慢无礼，不可亵渎圣贤之言。可以敬奉神仙，朝礼北斗，也可以拜佛念经。要努力报答天地之恩、父母之恩、国家之恩、师友之恩，广行儒释道三教圣贤的教化。阐扬真理以教化奸诈顽劣的人，宣讲经史来启发愚昧无知的人。救急就像挽救快干死的鱼一样，救危就像挽救被网住的鸟一样。

**矜孤恤寡，敬老怜贫，举善荐贤，饶人责己。措衣食，周道路之饥寒；施棺椁，免尸骸之暴露。造漏泽之仁园，兴启蒙之义塾。家富，提携亲戚；岁饥，赈济邻朋。斗秤须要公平，不可轻出重入；奴仆待之宽恕，岂宜备责苛求。印造经文，创修寺院。舍药材以拯疾苦，施茶水以解渴烦，点夜灯以照人行，造河船以济人渡。或买物而放生，或持斋而戒杀。举步常看虫蚁，禁火莫烧山林。**

译文

应同情孤儿，抚恤寡妇；尊敬老人，怜悯贫穷。推崇善人，举荐贤能，对人要宽恕，于己要反省。筹措衣服、食物，周济无家可归、饥寒交迫的人；施舍棺材，避免尸骸暴露在外。修造丛葬之所，创办启蒙的义塾。家道殷实应当提携亲戚，遇到饥荒要赈济亲朋。做生意秤头要公平，不能卖东西就少秤，买东西就多秤。对待下人要宽宏大量，岂可尖酸刻薄，求全责备？要多捐印经书，修建寺庙。施舍医药拯救病人的痛苦，布施茶水解除行人的焦渴烦躁。晚上在路旁点灯为行人照明，修造舟船，方便人渡河往来。可以买些动物来放生，或者吃斋持戒，断除杀生。走路时应常常留意，不要踩到蚂蚁等小虫，严禁纵火烧毁山林。

**勿登山而网禽鸟，勿临水而毒鱼虾。勿宰耕牛，勿弃字纸。勿谋人之财产，勿妒人之技能，勿淫人之妻女，勿唆人之争讼，勿坏人之名利，勿破人之婚姻。勿因私仇，使人兄弟不和；勿因小利，使人父子不睦。勿倚权势而辱善良，勿恃富豪而欺穷困。**

译文

切莫在山上设网捕捉飞鸟，也不可在河流湖泊中毒杀鱼虾。不得宰杀耕牛，不得随意丢弃有字的纸。不得图谋别人的财产，不得妒忌他人的才能，不得与别人的妻女乱搞，不得挑唆他人争斗诉讼，不得破坏别人的名声和利益，不得拆散他人的婚姻。不得因个人私仇而使人兄弟不和，不得因蝇头小利使人父子成仇。不得倚仗权势而欺辱善良的人，不得凭借富贵而压迫贫穷困苦的人。

**依本分而致谦恭，守规矩而遵法度。谐和宗族，解释冤怨。善人则亲近之，**

**助德行于身心。恶人则远避之，杜灾殃于眉睫。常须隐恶扬善，不可口是心非。恒记有益之语，罔谈非礼之言。剪碍道之荆榛，除当途之瓦石。修数百年崎岖之路，造千万人来往之桥。垂训以格人非，捐资以成人美。作事须循天理，出言要顺人心。见先哲于羹墙，慎独知于衾影。诸恶莫作，众善奉行，永无恶曜加临，常有吉神拥护。近报则在自己，远报则在儿孙。百福骈臻，千祥云集，岂不从阴骘中得来者哉？**

**译文**

做人要守本分，谦恭谨慎，要遵守规矩和法度。同宗族的人要互相亲睦，有冤仇要互相消解。要亲近善良的人，这样有助于提升德行，有益身心。要远离坏人，如此才能杜绝隐藏的祸患。要时常隐匿别人的过错，宣扬他人的善行，不能口是心非。要把有益的言论牢记于心，不要有超出礼法的言论。要剪除阻碍道路的荆棘，消除路上的瓦石；修整几百年来崎岖不平的道路，建造供千万人往来的桥梁。应当留下嘉言训诫，供后人鉴别是非善恶，捐赠钱财以成人之美。做事须遵循天理，说话要合乎人心。心里要经常装着圣贤，私下做事也要光明正大，问心无愧。如果能做到诸恶莫作，众善奉行，就永远不会遭遇意外灾祸，经常有善神护佑。所作所为，短期报在自己身上，长远会报在子孙身上。如此，则会聚拢众多的福德和百千种吉祥。这些难道不是从阴德中来的吗？

# 附录一

# 袁氏家训

# 父　教

导读

袁了凡的父亲袁仁，浙江嘉善人，字良贵，号参坡。他博学好文，于天文、地理、兵刑、水利、医学等，无不精通。袁仁三十八岁时妻子王氏去世，王氏生子袁衷、袁襄。袁仁又娶继室李氏，生三子三女，三子为袁裳、袁表（黄）、袁衮。本篇内容即是袁家五子对父亲言传身教的记述。

袁仁以行医为业，笃信佛教，与王阳明的高足王畿、王艮相友善。王畿对袁仁评价颇高，在《袁参坡小传》中说："公之学问能洞穿性命之精，而不弃人事之粗，能明了玄禅之奥，但弗敢有悖仲尼之轨。天文、地理、历书、兵刑、水利之属，无不涉猎。尤钟情医学，尽毕生以济人。"袁仁曾在王艮引荐下见过王阳明，并向其询问良知真义。虽然二人有过交往，但并无师徒之谊，王阳明也一直把袁仁当朋辈看待。

袁仁为学以读书入手，以佛教参究省察为功，虽然对阳明本人敬仰有加，但对其学却另有看法。一方面，他承认阳明一扫宋儒之陋习，但同时也认为"（阳明）教人专求之言语、文字之外，其失也虚"。因此，他教育儿子读书，要他们直接读诵古经义，以先儒之道为准则，不得剿袭后世之空谈。他主张读书首先要制心一处，全力投入，须一言一语仔细体会；然后把书本上的道理体之身心，付诸实践；最终的目的是见性明道，只有从养性而得者，才是真实本领。

袁仁虽未入《明儒学案》，但其学说足以自成一家。他融合儒、释，注重力行的学术思想，对袁了凡兄弟产生了深刻影响。本篇主要挑选其教育子弟、讲求学问的相关言论，内容可与《了凡四训》互相发明。

## 长子　袁衷录

**宋韩琦[1]为谏官[2]三年，所存谏稿，欲敛而焚之，以效古人谨密之义。然恐无以见人主从谏之美，乃集主上所信从及足以表主上之德者七十余章，曰"谏垣存稿"。自序于其首，大略曰："谏主于理胜，而以至诚将之。"前辈之忠厚如**

**此，今乃有以进言要名者，良可悼也。**

**子华子[3]曰："人之性，其犹水然。水之源至洁而无秽，其所以湛[4]之者，久则不能无易也。是故，方圆曲折湛于所遇，而形易矣；青黄赤白湛于所受，而色易矣；砰訇淙射[5]湛于所阂[6]，而响易矣；洄伏[7]溆溶[8]湛于所容，而态易矣；咸淡芳臭[9]湛于所染，而味易矣。此五易者，非水性也，而水之流则然。"孔子曰："性相近也，习相远也。"尔辈慎习。**

## 注释

1 韩琦：北宋政治家，字稚圭，自号赣叟，相州安阳（今河南安阳）人。宋仁宗时，他曾与范仲淹一同防御西夏，在军中享有很高的威望，人称"韩范"。当时，边疆传颂一首歌谣："军中有一韩，西贼闻之心胆寒；军中有一范，西贼闻之惊破胆。"

2 谏官：古代专门规劝天子改正过失的官员。

3 子华子：春秋末期晋国人。他重视养生，主张补不足，损有余。其养生特点主要体现在"六欲皆得其宜""动以养生"两方面。

4 湛：沉溺。

5 砰訇（pēng hōng）淙射：砰訇，象声词，形容水流声音很大；淙射，象声词，形容水流动的声音。

6 阂：阻隔不通。

7 洄伏：水回旋起伏地流动。

8 溆溶：水流动的样子。

9 咸淡芳臭：指咸淡香臭各种味道。

## 译文

北宋韩琦曾经做过三年的谏官，他打算效法古人做事谨慎机密的态度，把保存的劝谏文稿收集起来烧掉。然而，又担心后人无从看到皇帝从容纳谏的美德，于是就收集皇上所采纳的以及足以表明皇上圣德的七十多篇奏章，题名为"谏垣存稿"。韩琦自己写了篇序言，大致意思是说："臣子向人主劝谏，如果在道理上是胜出的，那也要以至诚之心来对待。"前人用心，就是如此忠厚。如今却有人以劝谏来为自己博得名声，真是可叹啊！

子华子说："人的本性，就像水一样。水的源头甚为清洁，没有半点污秽，之所以会沦陷沉溺，是因为时间长了不能没有变化啊。因此，当水遇到方圆曲折时，外形就变化了；掺入青黄赤白等色彩时，颜色也改变了；碰撞到种种阻碍时，声音也不一样了；在河流湖泊中回旋起伏，形态也变得不同了；染上咸淡香臭等气味时，味道也跟着变了。这五种变化，并非水的本性使然，而是水流动时的经历造成的。”孔子说：“人在刚出生时，本性都比较相近。但随着各自生活环境的变化和影响，每个人的习性就会产生差异。”你们要谨慎学习啊。

**沈科初授南京行人司副[1]，归别吾父。吾父谓之曰：“前辈谓仕路乃毒蛇聚会之场，余谓其言稍过。然君子缘是可以自修。其毒未形也，吾谨避之，质直好义，以服其心；察言观色，虑以下之，以平其忿。其毒既形，吾顺受之，彼以毒来，吾以慈受可也。”**

**《记》称：“吊丧不能赙[2]，不问其所费。问疾不能馈，不问其所欲。见人不能馆，不问其所舍。”此言最尽物情。故张横渠[3]谓物我两尽，自《曲礼》入，非虚言也。汝辈处世，宜一一据此推广，如见讼不能解，不问其所由。见灾不能恤，不问其所苦。见穷不能赈，不问其所乏。**

**问：“天下事皆重根本而轻枝叶[4]。《记》称：天下有道则行有枝叶，无道则词有枝叶。岂行贵枝叶乎？”父曰：“枝叶从根本而出，邦有道，则人务实，故精神畅于践履。无道，则人尚虚，故精神畅于词说。”**

## 注释

1 行人司副：行人司，是明代官署名，副职为左、右司副，主要负责传旨、册封等事。

2 赙（fù）：拿钱给别人办丧事。

3 张横渠：即张载。字子厚，凤翔郿县（今陕西眉县）人。北宋思想家、教育家，理学创始人之一，世称横渠先生。其名言“为天地立心，为生民立命，为往圣继绝学，为万世开太平”为后代广为传颂。

4 枝叶：琐碎，次要的。

## 译文

沈科首次被授予的官职是南京行人司副职，他回来向我父亲告别。我父亲对他说：“前人曾说仕途险恶，就像毒蛇聚集的地方，我觉得此话言过其实。然而，君子正好借此提高自己的修养。毒害未形成时，我可以谨慎地避开，做人品行端正，崇尚正义让他心服，善于察言观色，为别人多考虑，并且善于居人之下，以此来消除对方的愤恨。毒害如果已经形成，我应当坦然面对，面对恶毒的攻击，我用仁慈之心接受即可。”

《礼记·曲礼》上说：“到丧家祭奠时，若没有钱财帮助人家，就不要问人家需要多少钱。探视病人，若拿不出东西馈赠，就不要问病人需要什么。接待客人，如果不能提供住处，就不要问他住在什么旅馆。”这些话最能体现人情事理。所以，张横渠曾说，要想通达人情世故，应当从学习《曲礼》入手。确实不是虚言啊。你们为人处世，应当根据此理一一推广，比如见到争讼不能调解，就不要问争执的缘由。见到受灾的人，不能去帮助人家，就不要问别人遭受的痛苦。见到穷人不能赈济，就不要问人家缺什么。

我问父亲：“天下的事都注重根本而轻视枝叶。《礼记》称：天下有道，人们的行为就有枝叶，无道则言辞有枝叶。难道行为也重视枝叶吗？”父亲说：“枝叶从根本生出，国家治理有方，安定和谐，人们都比较务实，因此都把心思花在做事上，事情都能办得认真细致。天下混乱不堪，人们就会追求虚的东西，因此都把心思花在讲空话上，言辞就显得华而不实。”

## 次子　袁襄录

**宋儒教人，专以读书为学，其失也俗。近世王伯安[1]，尽扫宋儒之陋，而教人专求之言语、文字之外。其失也虚。观子路曰：“何必读书然后为学？”则孔门亦尝以读书为学。但须识得本领[2]工夫，始不错耳。孟子曰：“学问之道无他，求其放心而已矣。”求放心是本领，学问是枝叶。**

**作文、句法、字法，要当皆有源流。诚不可不熟玩古书。然不可蹈袭[3]，亦不可刻意摹拟，须要说理精到，有千古不可磨灭之见。亦须有关风化，不为徒作，乃可言文。若规规[4]摹拟，则自家生意索然矣。**

**近世操觚[5]习艺者，往往务为艰词晦语，或二字三字为句，以自矜高古。甚或使人不可句读，而味其理趣，则漠然如嚼蜡耳。此文章之一大阸[6]也。尔辈切不可效之！**

### 注释

1 王伯安：即王守仁。字伯安，号阳明子，世称阳明先生，故又称王阳明。王阳明是明代著名的思想家、文学家和军事家。他是心学之集大成者，博学多才，文武双全，是历史上罕见的全能大儒。

2 本领：此处指主要的、核心的。

3 蹈袭：因袭，沿袭。

4 规规：拘泥，固守成见而不知变通。

5 操觚（gū）：原指执简写字，后指写文章。觚，古代书写用的木简。

6 阸（è）：阻碍。

## 译文

宋儒教人，专门以读书为学问，其缺点在于太俗气。近世的王阳明先生，完全扫除了宋儒的浅陋之见，而教人专从语言、文字之外寻求学问。其缺点在于过于空疏。子路曾说："何必一定读了书才算是学习？"由此可见，孔子也曾提倡以读书为学问。只是，为学先要有根本，才能不出差错。孟子说："做学问的方法没有别的，不过就是把失去的本心找回来罢了。"此处，求放心是根本，学问则是枝叶。

作文、句法、字法，都要有源流与传承，不能肆意妄为。确实不可不深入研究古书。然而，不能因袭前人，也不可刻意模仿，要能讲出精辟的道理，有千古不可磨灭的见识才行。此外，也要有助于教化，不能没有原因盲目去做，这样才可以谈论文章的写作。如果只是拘泥于模仿他人，那自家文章也就很乏味了。

现在写文章的人，往往用一些艰深晦涩的词，或者两三个字就是一句话，用来炫耀自己的文风高古。甚至有的使人断不开句子，品味其中的义理情趣，茫茫然如同嚼蜡。这可以说是写文章的一大障碍。你们切不可染上这种毛病！

**文字最可观人。如正人君子，其文必平正通达；如奸邪小人，其文必艰涩崎岖。士之品有三。志于道德者为上，志于功名者次之，志于富贵者为下。近世人家生子，禀赋稍异，父母师友即以富贵期之。其子幸而有成，富贵之外，不复知功名为何物，况道德乎！**

**吾祖生吾父，岐嶷[1]秀颖，吾父生吾，亦不愚，然皆不习举业，而授以《五经义》古义。生汝兄弟，始教汝习举业，亦非徒以富贵望汝也。伊周[2]勋业，孔孟文章，皆男子当事。位之得不得在天，德之修不修在我。毋弃其在我者，毋强其在天者。欲洁身者必去垢，欲愈疾者必求医。昔曹子建[3]文字好人讥弹，应**

**时改定。岂独文艺当尔哉！进德修业皆当如此。**

## 注释

1 岐嶷（qí yí）：形容人幼年聪慧。

2 伊周：伊尹和周公。两人分别是商朝、周朝的宰相，为国家发展做出了重大贡献。

3 曹子建：即曹植，曹操的儿子，三国时期著名文学家、诗人。

## 译文

从文章最能看出人品。如正人君子，他们的文章一定是平正通达的；如奸邪小人，他们的文章一定是艰涩不流畅的。读书人有三种品格：有志于道德修养的人品格最高，有志于建功立业的人次之，有志于荣华富贵的人最下。现在的人生了孩子，天赋稍微有些与众不同，父母师友就期望他长大能够荣华富贵。孩子长大后幸而获得了成功，除了荣华富贵，就不再晓得建功立业是什么，更何况是道德修养呢！

我的祖父生了我的父亲，他从小就很聪明，我父亲生了我，我也不笨，然而我们家都不学习八股文，而传授的是《五经正义》一类的古经义。我生了你们兄弟，才开始教你们学习八股文，也不只是为了期望你们以后能荣华富贵。伊尹和周公的勋业，孔子和孟子的文章，都是男子汉当为的事。能否做到高位，在于上天安排；而道德修养的提升，则主要在我们自己。人不要放弃自身能做到的，也不要强求上天能够保佑我们。想要身体清洁，必须要去除污垢，想要治愈疾病，必须求助医生。从前，曹子建喜欢别人批评他的文章，一有错误，就立即改正。哪里仅仅是做文章应当这样！进德修业，也应该如此。

**当理之言，人未必信，修洁之行，物或相猜。是以至宝多疑，荆山有泪[1]。**

**作诗，以真情说真境，方为作者。周濂溪[2]《和费令游山》诗云："是处尘劳皆可息，清时终不忍辞官。"此由衷之语，何其温柔敦厚也！若婴情[3]魏阙[4]，托与青山，徒令人可厌耳。**

## 注释

1 荆山有泪：春秋时期，有个楚国人叫卞和，他在山中拾到一块璞玉（未经过加工的美玉），就把它献给楚厉王。厉王就叫玉器专家来鉴定，结果说是石头。厉王大怒，就下令砍掉了卞和的左脚。不久，厉王死了，武王即位，卞和又把这块玉献给武王。武王找人鉴定，结果同样说是石头，武王以欺君之罪砍掉卞和的右脚。武王死后，文王即位。卞和抱着璞玉到荆山下大哭，眼泪都哭干了。文王听说后，就派人问他："那么多被砍掉脚的人，都没有你这么难过，你为什么哭得这样悲伤呢？"卞和回答说："我不是因为脚被砍掉而难过，而是伤心有人竟把宝玉说成是石头，给忠贞的人扣上欺君之罪。"楚文王于是就命工匠对这块璞玉进行加工，打开果然是一块罕见的宝玉。于是就把这块宝玉命名为"和氏璧"。

2 周濂溪：即周敦颐。字茂叔，北宋道州（今湖南道县）人。他人品高洁，曾作《爱莲说》明志，是北宋著名的教育家、哲学家、文学家。他定居庐山时，为纪念家乡而给住所旁的一条溪水命名为濂溪，并给自己的书屋命名为濂溪书堂，所以世称濂溪先生。

3 婴情：寄情，留恋。

4 魏阙：本指宫门上巍然高出的观楼，后用作朝廷的代称。

**译文**

有道理的言论，人们未必相信，清白的品行，也会引起猜疑。所以贵重的宝物难免引发猜忌，有眼不识荆山玉，使人伤心落泪。

作诗，要以真实的感情叙说真实的情境，方是好的诗人。周濂溪《和费令游山》诗说："是处尘劳皆可息，清时终不忍辞官。"这是发自肺腑的感言，何其温柔敦厚呀！像那些心恋荣华，却假托隐居的人，只会令人生厌罢了。

## 三子　袁裳录

**王虚中[1]解书法，词之内不可减，减之则为啬，啬则失本意。词之外不可增，增之则为赘，赘则坏本意。此至要之言。然得其词者浅，得其意者深。汝辈读书，勿专守着词语，须逆其志[2]于词之内，会其神于词之外，庶有益耳。**

**六朝颜之推[3]，家法最正，相传最远。作《颜氏家训》，谆谆欲子孙崇正教，尊学问。宋吕蒙正[4]，晨起辄拜天，祝曰："愿敬信三宝[5]者，生于吾家！"不特其子公著为贤宰相，历代诸孙，如居仁、祖谦辈，皆闻人贤士。此所当法也。**

**注释**

1 王虚中：即王日休。字虚中，宋代龙舒（今安徽舒城）人。是著名的学者、教育家，佛教居士。曾作《训蒙法》一文，叙说教育儿童的方法。

2 逆其志：猜测其志向，揣度其本义。

3 颜之推：字介，出生于建康郡（今江苏南京）的一个士族之家，为南齐治书御史颜见远之孙，后投奔北齐，历仕北周、隋朝。颜之推是著名的文学家、教育家，所著《颜氏家训》，以儒家思想教训子孙，是他一生关于士大夫立身、治家、处世、为学的经验总结，后世称此书为家教模范。

4 吕蒙正：字圣功，河南洛阳人。北宋初年宰相。他为人宽厚正直，对上敢言，对下则宽容有雅度。

5 三宝：在佛教中，称"佛、法、僧"为三宝。佛宝指佛陀；法宝指佛的一切教法，包括三藏十二部经、八万四千法门；僧宝指依佛教法如实修行、弘扬佛法的僧人。

## 译文

宋代的王虚中非常通晓写作。他认为，语词不能随意减字，减去了就显得生硬穿凿，这样就失去了语词的本义。同样，也不能随意添字，添字就显得多余，这样就改变了原意。这是很关键的话。然而，写文章只会遣词造句还是不够的，能通晓文章的精神才算精深。你们读书，不要一味守着词句，必须通过词语揣测其本义，体会文章的精神，这样才会受益。

六朝的颜之推，家法最正，流传得也最久远。他写了《颜氏家训》，对子孙谆谆教导，希望他们能尊崇儒家的正统教育并尊重学问。宋代的吕蒙正，每天早晨起来都要拜天祷告："希望信奉三宝的人，能够生在我家。"结果，不但他的儿子（其实是侄孙）公著成了贤明的宰相，其后世子孙，如居仁、祖谦等人，也都是知名的贤人。这是应当效法的。

**吾目中见毁佛、辟教，及拆僧房、僭[1]寺基者，其子孙皆不振，或有奇祸。碌碌者姑不论。昆山魏祭酒[2]崇儒辟释，其居官，毁六祖遗钵；居乡，又拆寺兴书院，毕竟绝嗣，继之者亦绝。**

**聂双江为苏州太守，以兴儒教、辟异端为己任，劝僧蓄发归农。一时诸名公如陆粲、顾存仁辈，皆佃寺基。闻聂公无嗣，即有嗣，当亦不振也。**

**吾友沈一之，孝弟忠信，古貌古心，醇然儒者也。然亦辟佛，近又拆庵为家庙。闻陆秀卿在岳州，亦专毁淫祠而间及寺宇。论沈、陆之醇肠硕行，虽百世子孙保之可也。论其毁法轻教，宁能无报乎？尔曹识之，吾不及见也。**

**注释**

1 僭：冒用，侵占。

2 魏祭酒：即魏校。明代理学家，推崇儒学而反对佛教。在广东提学副使任内，毁坏六祖慧能遗留下的铜钵。后升太常寺卿兼掌祭酒事。

**译文**

我所见到的毁坏佛像、驳斥佛理，以及拆除僧房、侵占寺基的人，他们的子孙后代都不怎么兴旺，有的还遭遇离奇的祸患。庸庸碌碌的人姑且不论，像昆山的魏祭酒崇儒辟佛，他在广东做官的时候，毁坏了六祖慧能遗留的铜钵；在乡里又拆庙改建书院，最终竟绝嗣，过继的儿子也没有后代。

聂双江在做苏州太守时，以弘扬儒学、消灭异端为己任，劝僧人蓄发还俗。一时间，诸位名公如陆粲、顾存仁等，都侵占寺产作农田。我听说聂公最后没有子嗣，即使有，估计也不会兴旺。

我的朋友沈一之，孝悌忠信，古貌古心，是位淳厚的儒者。然而他也反对佛教，最近又拆毁庙庵改建家庙。我还听说陆秀卿在岳州，也是专门拆毁淫祠，有时也波及庙宇。按照沈、陆两人淳厚的心肠，高尚的品行，子孙即使是绵延百世都没问题。可是他们诋毁佛法，轻蔑经教，岂能没有报应呢？你们可能会目睹这些，我看不到了。

**问作诗之法，曰："以性情为境，以无邪为法，以人伦物理[1]为用，以温柔敦厚为教，以凝神为入门，以超悟为究竟。"**

**起非分之思，开无谓之口，行无益之事，不如其已[2]。**

**可爱之物，勿以求人；易犯之愆[3]，勿以禁人；难行之事，勿以令人。**

**终日戴天，不知其高；终日履地，不知其厚。故草不谢荣于雨露，子不谢生于父母。有识者，须反本而图报，勿贸贸焉[4]已也。**

**注释**

1 人伦物理：泛指各种人际关系以及万事万物的道理。

2 已：停止。

3 愆（qiān）：罪过，过失。

4 贸贸焉：糊里糊涂的样子。

## 译文

我向父亲请教作诗的方法，他告诉我："写诗要以自己的真性情为境界，以纯洁无邪为法度，以人伦物理为应用，以温柔敦厚为教导，以专心致志、聚精会神为入门，以超脱了悟为最终目的。"

起非分之想，说无谓的话，做没用的事，不如适可而止。

自己喜爱的东西，不要向别人求取；自己容易犯的错误，不要拿来禁止别人；自己难以做到的事，不要命令别人去干。

每天都头顶着苍天，不觉得它有多高；终日都脚踩大地，也不觉得它有多厚。因此，草木不会感谢雨露的恩泽，子女通常也不会感谢父母的生养。有远见卓识的人，应该回归本源，懂得知恩图报，不要糊里糊涂什么也不做。

**语云：斛[1]满，人概[2]之；人满，神概之。此良言也。智周万物，守之以愚；学高天下，持之以朴；德服人群，莅之以虚。不待其满，而常自概之，虽鬼神无如吾何矣。**

**见精，始能为造道[3]之言；养盛，始能为有德之言。其见卑而言高，与养薄而徒事造语者，皆典谟风雅[4]之罪人也。**

**黄、苏[5]，皆好禅。谈者谓子瞻是士夫禅，鲁直是祖师禅。盖优黄而劣苏也。人皆知二公终身以诗文为事，然二公岂浅浅者哉？子瞻无论其立朝大节，即阳羡买房焚券一细事，亦足砭污起懦[6]。鲁直与人书，论学、论文，一切引归根本，未尝以区区文章为足恃者。**

## 注释

1 斛（hú）：量器名，也是容量单位，一斛本为十斗，后来改为五斗。

2 概：量米时，刮平斗斛的木板。

3 造道：提高品德修养。

4 典谟风雅：典谟指《尚书》，风雅指《诗经》，两者都是儒家经典，此处代指儒学或儒家。

5 黄、苏：黄庭坚和苏轼。黄庭坚，字鲁直，是宋代著名的文学家、书法家及佛教居士。苏轼，字子瞻，是宋代著名的文学家、书法家，同时也深通佛理。

6 砭污起懦：唤醒污浊的和怯懦的人。

## 译文

俗语说：量米的斛满了，人们会用木板刮平它；人要是骄傲自满了，上天也会刮平他。这的确是良言。虽然知识渊博，见多识广，而为人处世应略显愚笨；即使学问天下第一，也应保持朴素的作风；就算是道德高尚，为众人钦服，也要时时以谦虚自处。不等到状态达到圆满，就自己常常刮平，即便是鬼神，也拿自己没办法。

只有见解精妙，才能够讲出有助于提升修养的言论；只有涵养深厚，才能说出高尚的道理。那些见识浅陋而爱说大话的人，以及修养浅薄而常讲空话的人，都是儒门的罪人啊。

黄庭坚和苏轼都喜好禅学。评论他们的人认为，苏轼是士大夫禅，黄庭坚是正宗的佛门之禅。这是褒奖黄庭坚而贬低苏轼。人们都知道他们两人一辈子都致力于诗文的创作，但他们两位怎么会是肤浅的人呢？先不说子瞻在政坛中所秉持的高尚气节，只阳羡买房焚烧房契这一件小事，就足以唤醒污浊、怯懦的人了。鲁直给别人写信，无论是探讨学问还是文章，一切都以道德气节为根本，未尝单单以文章为依凭。

**《余冬序录》尝类其语。如云学问文章，当求配古人，不可以贤于流俗自足。孝弟忠信是此物根本，养得醇厚，使根深蒂固，然后枝叶茂耳。**

**又云，读书须一言一句，自求己身，方见古人用心处。如欲进道[1]，须谢外慕[2]，乃得全功。**

**又云，制心一处，无事不办。读书先令心不驰走，庶言下有理会。**

**又云，学问以自见其性为难。诚见其性，坐则伏于几，立则垂于绅[3]，饮则形于尊彝，食则形于笾豆[4]。升车则鸾和[5]与之言，奏乐则钟鼓为之说。故无适而不当，至于世俗之学，君子有所不暇。**

**又云，学问须从治心养性中来，济以玩古之功。三月聚粮，可至千里，但勿欲速成耳。此等处皆汝辈所当服膺[6]也。**

## 注释

1 进道：追求进步。

2 外慕：向外追求，别有他好。

3 垂于绅：绅，古代系衣服的长带。衣带下垂，故称为垂绅。
4 笾豆：古代祭祀及宴会时常用的两种礼器。通常竹制为笾，木制为豆。
5 鸾和：鸾与和是古代车上的铃铛。
6 服膺：铭记在心，衷心信奉。

译文

何孟春在《余冬序录》中曾把自己的话做了归类。例如，他说做学问写文章，应当以配得上古人为标准，不能以为比当下普通人做得好便满足。孝悌忠信是道德的根本，只有培育得淳厚，打下深厚基础，然后才能枝繁叶茂。

又说，读书要一字一句体会，从自己身上下功夫，方能发现古人用心的地方。如果要想进步，必须放弃向外驰求，才能取得圆满成就。

又说，精神集中到一点上，没有什么办不成的事。读书要先令心思不乱跑，能够沉静下来，这样才有可能明白其中的道理。

又说，各种学问里以见到自己的本性为最难。如果真能见性，道理随处都可显现。坐着就伏在几案上，站着就垂于衣带上，喝酒时就藏在酒樽里，吃饭时就显露在笾豆上。见性的人登上马车，则仿佛铃铛与他对话，奏乐也仿佛钟鼓和他交谈。因此他做什么都感到适宜恰当，至于世俗之学，君子没有时间在上面耗费气力。

又说，学问必须要从治心养性中得来，并辅助以对古人思想的求索。积聚三个月的粮食，可以走上千里的道路，但不要期盼很快就能成功。这些都是你们要铭记在心，好好学习的。

**顾子声、王天宥、刘光浦在坐，设酒相款。刘称吾父大节凛然[1]，细行不苟[2]，世之完德君子也。**

**父曰："岂敢当！尝自默默检点，有十过未除，正赖诸君之力，共刷除之。"**

**王问："何者为十？"**

**父曰："外缘役役[3]，内志悠悠[4]，常使此日闲过，一也。闻人之过，口不敢言，而心常尤[5]之，或遇其人，而不能救正，二也。见人之贤，岂不爱慕？思之而不能与齐，辄复放过，三也。偶有横逆，自反不切，不能感动人，四也。爱惜名节，不能包荒[6]，五也。（注：原文缺六。）终日闲邪，而心不能无妄思，七也。有过辄悔，如不欲生，自谓永不复作矣！而日复一日，不觉不知，旋复忽**

**犯，八也。布施而不能空其所有，忍辱而不能遣之于心，九也。极慕清净而不能断酒肉，十也。”**

**顾曰：“谨受教！”且顾余兄弟曰：“汝曹识之，此尊翁实心寡过也！”**

## 注释

1 凛然：严肃令人敬畏的样子。

2 不苟：不马虎，不随便。

3 役役：劳苦不停息的样子。

4 悠悠：悠闲散漫。

5 尤：抱怨，发牢骚。

6 包荒：包含荒秽，此处指度量宽大。

## 译文

一天，父亲设宴款待顾子声、王天宥、刘光浦等人。刘光浦称赞我父亲节操高尚，令人敬畏，连小事情也一点不马虎，可称得上是当世道德完美的君子。

我父亲说：“我怎么敢承当呢！我尝默默检点自己的言行，发现还有十个错误尚未除去。正想借助在座各位之力，一同把它们洗刷清除。”

王天宥问：“有哪十种呢？”

父亲回答说：“在外忙忙碌碌，内心却闲散放逸，常常虚度光阴，这是第一过。听闻别人的过错，嘴上虽然不敢说，但在心里却抱怨不断。有时遇到那个人，却不能帮助他改正，这是第二过。看到他人品德、才华出众，内心怎么会不羡慕呢？但心里一想，自己很难向人家看齐，就不想去努力效仿，这是第三过。偶有突如其来不顺心的事，反躬自省不够真切，不能感动人，这是第四过。一味爱惜名声和节操，而不能包容别人的过错，这是第五过。（注：原文缺六。）虽然整日都在防范邪念，但心念不能没有妄想，这是第七过。犯了错就很后悔，痛不欲生，自己想着以后永远不要再犯同样的错误，结果日复一日，不知不觉中，很快又走回老路，重复犯错，这是第八过。布施财物，不能完全看空，心存有相；忍受羞辱，虽不言语，而内心仍然纠结，难以遣除，这是第九过。极为羡慕清净的梵行而不能断除酒肉，这是第十过。”

顾子声听完后说：“愿接受您的教诲。”并且回过头对我们兄弟说：“你们都记住了，令尊是诚心实意减少错误啊！”

**余幼颇聪慧，母欲教习举子业。父不听，曰："此儿福薄，不能享世禄。寿且不永，不如教习六德六艺[1]，作个好人。医可济人，最能重德，俟稍长，当遣习医。"余十四岁，《五经》诵遍，即遣游文衡山[2]先生之门，学字学诗。既毕姻，授以古医经，令如经史，潜心玩之。且嘱余曰："医有八事须知。"**

**余请问，父曰："志欲大而心欲小，学欲博而业欲专，识欲高而气欲下，量欲宏而守欲洁。发慈悲恻隐之心，拯救大地含灵之苦。立此大志矣，而于用药之际，兢兢以人命为重，不敢妄投一剂，不敢轻试一方，此所谓小心也。上察气运于天，下察草木于地，中察情性于人，学极其博矣。而业在是，则习在是。如承蜩[3]，如贯虱[4]，毫无外慕，所谓专也。穷理养心，如空中朗月，无所不照。见其微而知其著，察其迹而知其因，识诚高矣。而又虚怀降气，不弃贫贱，不嫌臭秽。若恫瘝[5]乃身，而耐心救之，所谓气之下也。遇同侪相处，己有能则告之，人有善则学之。勿存形迹，勿分尔我，量极宏矣。而病家方苦，须深心体恤，相酬之物，富者资为药本，贫者断不可受。于合室皱眉之日，岂忍受以自肥？戒之，戒之！"**

## 注释

1 六德六艺：一般认为六德指智、信、圣、仁、义、忠六种品德。礼、乐、射（射箭）、御（驾车）、书（写文章）、数（算数）为六艺。

2 文衡山：即文徵明，因先世衡山人，故号衡山居士，世称"文衡山"。他是明代著名的书法家、文学家。

3 承蜩（tiáo）：用竹竿和蜘蛛网把蝉粘住。

4 贯虱：射箭贯穿虱子的心脏。

5 恫瘝（tōng guān）：病痛。

## 译文

我小时候很聪慧，母亲想让我学习举业。父亲不同意，说："这个孩子福薄，不能享受爵禄。而且恐怕寿命不是很长，不如教他学习六德六艺，做个好人。医生可救治病人，最能增重德行，等他再大些，就让他去学医。"我十四岁时，《五经》已经读完，父亲就让我跟随文衡山先生学习写字作诗。等我完婚后，就传授我古医书，命我像研读经史那样专心玩索。并且告诉我说："行医有八件事必须要知道。"

我就请教有哪八件，父亲说："志向要远大而做事要小心，学问要广博而业务要精专，见识要高超而态度要谦卑，气量要宏大而操守要廉洁。要发慈悲恻隐之心，以拯救世人的痛苦为己任。立下了宏大的志愿，在用药的时候，务必谨慎小心，时刻以人命为重，不敢随便用药，不敢轻易开处方，这就是所说的小心。上察气运于天，下察草木于地，中察情性于人，包含的学问可说是极为广博。医学这门专业就是这样博大精深，所以要认真努力地学习。就像用竹竿捉知了，射箭射穿虱子的心脏那样，丝毫不分心，这就是所说的专精。穷究天理以养心，就像是天空中的月亮，无所不照。见到事情的苗头，就能知道它的发展趋势；观察事情发展的迹象，就能知道它的起因，见识确实高超啊。还要虚心谦退，不嫌弃贫贱的人以及污秽不堪的人。如果病人疾病缠身，而耐心医治他，这就是所说的态度谦卑。遇到同行相处，自己医术有独到之处，要和别人交流，别人有好的地方，自己也要善于学习。不要扭捏，不要区分你我，气量可谓十分宏大。病人家属正沉浸在痛苦之中，要深刻体恤别人的感受，所收的报酬，有钱人出够医药费即可，而穷人的钱则断不可收。在别人全家都愁眉苦脸时，自己怎能忍心要别人的钱自肥呢？一定要警戒啊，一定要警戒啊！"

## 四子　袁表（袁了凡）录

**古人慎言，不但非礼勿言也。《中庸》所谓庸言[1]，乃孝弟忠信之言，而亦谨之。是故万言万中，不如一默。**

**童子涉世未深，良心未丧，常存此心，便是作圣之本。**

**余幼学作文，父书"八戒"于稿簿之前。曰："毋剿袭，毋雷同，毋以浅见而窥，毋以满志而发，毋以作文之心而妄想俗事，毋以鄙秽之念而轻测真诠[2]，毋自是而恶人言，毋倦勤[3]而怠己力。"**

**注释**

1 庸言：日常生活言论。

2 真诠：即真谛，真实精妙的道理。

3 倦勤：厌倦于勤劳的事。

## 译文

古人说话十分谨慎，不只是要做到非礼勿言。《中庸》所说的“庸言”，是指有关孝悌忠信的言论，然而也要尽量谨慎少言。所以，即使说一万句话，每一句话都很恰当，也不如沉默不言。

童子涉世未深，良心没有丧失，常常保存此心，便是成为圣贤的根本。

我小时候学习写文章，父亲在作文本首页写了八条戒文。他说：“不要抄袭，不要跟别人写的一样，不要做肤浅的理解，不要在非常得意的时候下笔，不要在写文章的时候乱想庸俗的事，不要以鄙陋浊秽的观念来轻率地推测真谛，不要自以为是而厌恶别人的言论，不要厌倦勤劳而使精力懈怠。”

**癸卯除夕家宴，母问父曰：“今夜者，今岁尽日也。人生世间万事，皆有尽日，每思及此，辄有凄然遗世[1]之想。”父曰：“诚然！禅家以身没之日为腊月三十日，亦喻其有尽也。须未至腊月三十日而预为整顿，庶免临期忙乱耳。”母问：“如何整顿？”父曰：“始乎收心，终乎见性。”予初讲《孟子》，起对曰：“是学问之道也[2]。”父颔之。**

**“韩退之[3]《符读书城南诗》[4]，专教子取富贵，识者陋之。吾今教尔曹正心诚意，能之乎？”予应曰：“能！”问：“心若何而正？”对曰：“无邪即正。”**

**问：“意若何而诚？”曰：“无伪即诚。”叱曰：“此口头虚话！何可对大人！须实思，其何以正，何以诚，始得！”余瞿然[5]有省。**

## 注释

1 遗世：超脱尘世。

2 孟子曾说：“学问之道无他，求其放心而已矣。”

3 韩退之：即韩愈。字退之，唐代著名文学家。因其自称郡望昌黎，世称“韩昌黎”“昌黎先生”。

4 韩愈儿子韩昶因生于徐州（今江苏徐州）符离，故小字名符。城南是韩愈的别墅名。

5 瞿然：惊骇的样子。

## 译文

癸卯年（1543），在除夕的家庭宴会上，母亲问父亲道：“今晚是这一年的最后一天。人的一生所做的各种事，都有终结，每想到这儿，就不免凄凉悲伤，有超脱尘世之感。”父亲说：“的确是啊！佛家以腊月三十为死亡之日，也是比喻万物终有将尽。要在没到腊月三十日的时候，提前收拾预备，到时才能避免手忙脚乱。”母亲问：“如何收拾准备呢？”父亲说：“以收心为开端，以明心见性为终结。”我那时刚学习《孟子》，就站起来回答说：“收其放心，是做学问的方法啊。”父亲满意地点了点头。

父亲教导我说：“韩愈写的《符读书城南诗》，一味教导儿子为求取富贵而读书，有识的人对此很轻视。我如今教你们正心诚意，能做到吗？”我回答说：“能。”父亲问：“此心怎样才能端正呢？”我回答说：“心中没有邪念就是端正。”

父亲又问：“念头怎样才能真诚？”我回答说：“没有虚伪之念就是真诚。”父亲听后斥责我道：“你说的都是口头上的虚话！怎么能这样回答我呢！必须要切实思考，怎样做心才能端正，念头才能诚恳，这样才会有所收获！”我猛然一惊，心里有所觉悟。

**野葛[1]虽毒，不食则不能伤生；情欲虽危，不染则无由累己。问：“何得不染？”曰：“但使真心不昧，则欲念自消。偶起即觉，觉之即无。如此而已。”**

**古人有言：畸人[2]硕士[3]，身不容于时，名不显于世，郁其积而不得施，终于沦落。而万分一不获自见者，岂天遗之乎？时已过矣，世已易矣，乃一旦其后之人勃兴焉。此必然之理，屡屡有征者也。吾家积德，不试[4]者数世矣，子孙其有兴焉者乎。**

**毋以饮食伤脾胃，毋以床笫耗元阳，毋以言语损现在之福，毋以天地造子孙之殃，毋以学术误天下后世。**

## 注释

1 野葛：此处指断肠草。

2 畸人：特立独行、不同流俗之人。

3 硕士：博学多闻的人。

4 不试：不被任用，此处指不参加科举考试做官。

## 译文

野葛虽然有毒，不食用就不会危害身体；情欲虽然危险，心不受污染，自己就不会受牵累。我问父亲：“如何才不能受污染？”他回答说：“只要让真心不被湮没，那么欲望就会自动消散。欲念偶尔泛起，要立即察觉，一察觉就消散了。就是这样而已。”

古人说：特立独行、博学多闻的人，往往与时代不相容，名声在当世也不显赫。不能一展抱负，忧郁愤懑积聚于心，最终一生沦落不得志。连万分之一的展示机会都没有，难道是被上天遗弃了吗？随着时间的流逝，时代也发生了变化，说不定他的后代忽然有一天就发达了。这是必然的道理，在历史上曾多次应验。我们家积德行善，而不参加科考已经有好几代了，子孙后代中，应该会有出来做官的人吧。

不要以饮食伤害脾胃，不要以男女之事损耗元阳，不要以言语折损现在的福气，不要做缺德事遭天谴而贻害子孙，不要以错误的学术观点误导天下后世。

**父自外归，辄掩一室而坐，虽至亲不得见之。予辈从户隙[1]私窥，但见香烟袅绕，衣冠俨然，素须飘飘，如植如塑[2]而已。**

**父每接人，辄温然如春。然察之，微有不同。接俗人则正色缄口，诺诺无违[3]。接尊长则敛智黜华，意念常下。接后辈则随方寄诲，诚意可掬。唯接同志之友，则或高谈雄辩，耸听四筵，或婉语微词[4]，频惊独坐。闻之者未始不爽然失[5]，帖然服[6]也。**

注释

1 户隙：门缝。

2 如植如塑：一动也不动，像植物、雕塑的样子。

3 诺诺无违：连声应诺，不加违逆。

4 微词：暗含不满的批评。

5 爽然失：形容心中无主、空虚怅惘的神态。

6 帖然服：服气顺从。

译文

父亲从外边回到家，就把自己关在房间里静坐，即使是至亲也不会见。我们从门缝里偷看，只见香烟缭绕，父亲衣冠整齐，神情严肃，白胡子左右飘洒，整个人一动也不动，好像树木、雕塑一般。

父亲待人接物，总是如春风一般和蔼可亲。然而仔细观察，稍微有些区别。

接待俗人的时候，父亲态度严肃，闭口不言，别人说什么，他都连声称是，从不违逆。接待长辈时，收敛才智，摒弃浮华，常常显示出谦卑低下的姿态。接待后辈，则根据情况，随意进行教诲，态度很是诚恳。只有在接待志同道合的朋友时，才会高谈阔论，语惊四座，或者跟朋友单独交流时，在委婉的话里暗含着批评，使人为之一惊。听闻的人，一开始难免爽然有失，然而最后都安然叹服。

**丙午六月，父患微疾，命移榻于中堂，告诸兄曰："吾祖吾父皆预知死期，皆沐浴更衣，肃然坐逝，皆不死于妇人之手。我今欲长逝矣。"遂闭户谢客，日惟焚香静坐。**

**至七月初四日，亲友毕集，诸兄咸在。呼予携纸笔进前，书曰："附赘乾坤七十年，飘然今喜谢尘缘。须知灵运[1]终成佛，焉识王乔[2]不是仙！身外幸无轩冕[3]累，世闲漫有性真传。云山千古成长往，哪管儿孙俗与贤！"投笔而逝。**

注释

1 灵运：即谢灵运。南朝刘宋时著名文学家，出身于门阀大族谢氏。他笃信佛教，但不拘泥宗教形式。史书记载：太守孟𫖮事佛精恳，而为灵运所轻，尝谓𫖮曰："得道应须慧业，丈人生当在灵运前，成佛必在灵运后。"

2 王乔：即王子乔。传说他本是周灵王的太子，本名姬晋，字子乔，自幼聪明而有胆识。后舍弃王位而学道，最终骑仙鹤而升天。

3 轩冕：指官位和爵禄。

译文

丙午年（1546）六月，父亲生了小病，命人把床榻移到堂屋，并对我们说："我的祖父和父亲都能预知死期，皆沐浴更衣，肃然端坐而逝，都没有病倒在床，拖累家人。我如今也要与世长辞了。"于是就闭门谢客，每天只是焚香静坐而已。

到了七月初四那天，亲戚朋友都来了，我们兄弟也都在。父亲让我拿纸和笔到他跟前，他写了首诗："附赘乾坤七十年，飘然今喜谢尘缘。须知灵运终成佛，焉识王乔不是仙！身外幸无轩冕累，世闲漫有性真传。云山千古成长往，哪管儿孙俗与贤！"说完就投笔而逝。

# 母 教

## 导读

袁了凡的母亲李氏，身世不详，有关她的事迹主要见于《庭帏杂录》一书。李氏是一位典型的“贤妻良母”，根据记载，她经常与丈夫探讨学问，对儿子读书督促甚严，想必也是书香世家出身。作为继室，她胸襟宽广，仁爱待人，过门后不仅对家内摆放前任灵座毫不介意，还主动带领前任的孩子（袁衷、袁襄）春秋祭拜，诲以孝道。作为继母，她很关切前任孩子的感受，教导儿子要懂得尊重兄长。有一次，袁仁要几个儿子赋诗。袁裳的诗先写好，他读了击节称赞。这时正巧有人送来葛布，袁仁便让裁缝给他做一套衣服作为奖励。李氏知道这件事后，对他说：“你的两个哥哥还没有新衣服，你这么做将他们置于何地呢？”于是就将袁裳的新衣收起来。一直等到前任的儿子都做了新衣服后，才拿出让袁裳穿。

李氏深得儒家“忠恕”之道，对邻里亲朋总是多予体谅关怀。袁家和邻居沈家关系起初并不融洽，袁家的树长过了墙就被砍掉，家里的羊跑入邻家也被打死。面对邻居的一再挑衅，李氏总是劝家人忍让，切勿报复。有一次邻居生了病，李氏主动派人通知周围的邻居说：“生病互相体恤，是邻里应该做的。沈某生了病，家里贫困，咱们可以每家出点银子帮帮他。”沈家被李氏的义举感动，两家成为至交。

袁仁不治生产，一家人的吃穿住用全由李氏一人操劳，她常常要纺纱织布补贴家用。虽然生活艰辛，但李氏却能推己及人，对贫苦人格外照顾。冬天，儿媳想买些绵丝做衣服御寒。李氏却觉得不妥，理由是绵丝太花费银钱，不如只买少量绵丝，包裹麻丝做成冬衣。剩余的钱可以买些旧布，正好送给穷人用。诸如此类的事不胜枚举。

当下提倡“女德”“母教”者不在少数，但多粗涉皮毛，名不副实，甚至有假借道德之名而戕害女性者。本文所载多为李氏为人处世的具体案例，通过阅读，对于现代人了解真正的女性传统美德，具有较强的参考价值。

## 长子　袁衷录

**予与二弟侍吾母，予辈不自知其非己出也。新衣初试，旋或污毁，吾母夜缝而密浣之，不使吾父知也。正食既饱，复索杂食，吾母量授而撙节[1]之，不拂亦不恣也。坐立言笑，必教以正，吾辈幼而知礼。先母没，期年吾父继娶吾母。来时，先母灵座尚在，吾母朝夕上膳，必亲必敬。当岁时佳节，父或他出，吾母即率吾二人躬行奠礼。尝洒泪告曰："汝母不幸蚤世[2]，汝辈不及养，所可尽人子之心者，惟此祭耳。"为吾子孙者，幸勿忘此语。**

**注释**

1 撙节（zǔn jié）：抑制，节制。

2 蚤世：早死。蚤通"早"。

**译文**

我和二弟侍奉母亲，我们没感到自己不是她亲生的。每次穿上新衣服，不一会儿就弄脏弄破了。母亲晚上就给我们缝好，并悄悄地洗干净，不让父亲知道。正餐吃饱了，我们又要零食吃，母亲就按量给我们一些，不拒绝也不多给。对我们的言谈举止，都以合乎正道的标准进行教导。因此我们兄弟小时候就懂得礼仪。先母去世后，过了一年，父亲就娶了母亲。她来到我们家时，先母的灵位尚在屋里，母亲早晚添加祭品，每次都是亲力亲为，毕恭毕敬。遇到逢年过节，父亲有时外出不在家，母亲就领着我们兄弟俩行祭奠之礼。她曾经流着泪对我们说："你们的母亲不幸早亡，你们兄弟没有机会尽孝奉养。能够尽到做儿子孝心的，只有奠祭了。"凡是我的子孙后代，希望不要忘记这番话。

## 次子　袁襄录

**比邻沈氏，世仇予家。吾母初来，吾弟兄尚幼。吾家有桃一株，生出墙外，沈辄锯之。予兄弟见之，奔告吾母，母曰："是宜然，吾家之桃，岂可僭彼家之地？"沈亦有枣，生过予墙。枣初生，母呼吾弟兄，戒曰："邻家之枣，慎勿扑**

**取一枚。”并诫诸仆为守护。及枣熟，请沈女使[1]至家而摘之，以盒送还。**

**吾家有羊，走入彼园，彼即扑死。明日彼有羊窜过墙来，群仆大喜，亦欲扑之，以偿昨憾[2]。母曰：“不可。”命送还之。沈某病，吾父往诊之，贻之药。父出，母复遣人告群邻曰：“疾病相恤，邻里之义。沈负病，家贫，各出银五分以助之。”得银一两三钱五分，独助米一石。**

**由是沈遂忘仇感义，至今两家姻戚往还。古语云：“天下无不可化之人。”谅哉！**

注释

1 女使：女仆。

2 憾：此处指怨恨。

译文

邻居沈氏，几代都对我家不友好。我母亲刚嫁过来时，我们兄弟还小。家里有一株桃树，枝叶伸到了墙外，沈家人就给锯断了。我们兄弟看到了，就跑去告诉母亲，母亲说：“这是理所当然的，我们家的桃树，怎么能占别人家的地方呢？”沈家也有棵枣树，长到了我家这边。刚结枣时，母亲喊我们兄弟过来，告诫我们说：“邻居家的枣，千万一枚都不能打。”并且还叮嘱家仆看守。等枣熟了，母亲请沈家的女仆过来摘掉，并装在盒子里送还他们。

我家有羊跑到他们家的园子里，立即被沈家人打死了。第二天，他们家有羊窜过墙头跑了过来，仆人们大喜，也想把羊扑杀掉，以报昨日之仇。母亲却说：“不可以。”命仆人把羊送回去。沈某生了病，我父亲前往诊治，并送药给他。父亲出来后，母亲又派人通知周围的邻居说：“生病互相体恤，是邻里应该做的。沈某生了病，家里贫困，咱们可以每家出五分银子帮帮他。”总共得银一两三钱五分，我家又单独出了一石米。

于是，沈家被母亲的义举感动，就忘记了此前的仇恨，至今我们两家还互通婚姻。古语有言：“天下没有不能被感化的人。”确实是呀！

**有富室娶亲，乘巨舫自南来。经吾门，风雨大作，舟触吾家船坊，倒焉。邻里共捽[1]其舟人，欲偿所费。吾母闻之，问曰：“媳妇在舟否？”曰：“在舟中。”因遣人谢诸邻曰：“人家娶妇，期于吉庆，在路若赔钱，舅姑以为不吉矣。**

**况吾坊年久，积朽将颓，彼舟大风急，非力所及，幸宽之。”众从命。**

注释

1 捽（zuó）：揪住，抓住。

译文

有一家富户娶亲，乘大船从南边过来。经过我家门口时，突然风雨大作，船碰倒了我家的船坊。于是，邻里一齐出动，揪住操船的人，要让他们赔钱。我母亲听说了，就问：“新媳妇在船里吗？”回答：“在船里。”于是母亲就派人感谢邻居们说：“人家娶媳妇，图的是吉庆，在路上若是赔了钱，舅姑会认为不吉利。况且我家的船坊年久失修，也快腐朽倒塌了，他们船大，风又急，非人力所能阻止，希望大伙能宽大处理。”大家都听从了母亲的话。

**吾母爱吾兄弟，逾于己出。未寒思衣，未饥思食，亲友有馈果馔，必留以相饲。既娶妇，依然鞠育[1]，无异髫龀[2]也。吾妇感其殷勤，泣语予曰：“即亲生之母，何以逾此！”**

**妻家或有馈，虽甚微鲜[3]，不敢私尝，必以奉母。一日，偶得鳜，妇亲烹，命小僮胡松持奉。松私食之。少顷，妇见姑，问曰：“鳜堪食否？”姑愕然良久，曰：“亦堪食。”妇疑，退而鞫[4]松，则知其窃食状。复走谒姑曰：“鳜不送至而曰堪食，何也？”吾母笑曰：“汝问鳜则必献，吾不食则松必窃。吾不欲以口腹之故，见人过也。”其厚德如此。**

注释

1 鞠育：养育。

2 髫龀（tiáo chèn）：指童年。

3 微鲜（xiǎn）：又小又少。

4 鞫（jū）：审问。

译文

母亲对我们兄弟的关爱，超过了对自己的亲生骨肉。天没冷就想着给我们做衣服，还没饿就想着给我们弄吃的，亲友赠送的果品点心，一定会留着给我们吃。我们都长大成人，娶妻生子了，母亲仍然对我们照顾有加，跟小时候没什么区别。我媳妇被母亲的深情厚爱所感动，流着泪对我说："就算是亲生母亲，也超不过这样啊！"

妻子家有时送东西过来，即使再普通不过，我们也不敢私自享用，一定会侍奉母亲。一天，偶然得到一条鳜鱼，妻子就亲自烹饪，命小童胡松给母亲送过去。胡松偷偷吃了。过了一会儿，她拜见母亲，就问："鳜鱼还能吃吗？"母亲惊愕了好长时间，说："还能吃。"妻子很怀疑，退出来就审问胡松，才知道是他把鱼偷吃了。于是，妻子就又去拜见母亲，说："鳜鱼没送过来而您说能吃，这是为什么呢？"母亲笑着说："你问鳜鱼能不能吃，肯定是送过来了。我没吃那就肯定是胡松偷吃了。我不想以口腹之欲而使别人暴露过错。"母亲的恩德就是这样深厚。

## 三子　袁裳录

**夏雨初霁，槐阴送凉。父命吾兄弟赋诗。余诗先成，父击节称赏。时有惠[1]葛者，父命范裁缝制服赐余，而吾母不知也。及衣成，服以入谢，母询知其故，谓余曰："二兄未服，汝何得先？且以语言文字而遽享上服，将置二兄于何地？"褫[2]衣藏之，各制一衣赐二兄，然后服。**

**吾父不问家人生业[3]，凡薪菜交易，皆吾母司之。秤银既平，必稍加毫厘。余问其故，母曰："细人生理[4]至微，不可亏之。每次多银一厘，一年不过分外多使银五六钱。吾旋节他费补之，内不损己，外不亏人，吾行此数十年矣。儿曹世守之，勿变也。"**

**注释**

1 惠：赠送。

2 褫（chǐ）：脱下。

3 生业：资产。

4 生理：此处指生意。

**译文**

夏日的一天，雨过天晴，一家人在槐树下乘凉。父亲命我们兄弟赋诗。我头一个作好，父亲听了拍手称赞。正好有人送葛布过来，父亲就让范裁缝做成衣服赐给我穿，而母亲并不知道这件事。等衣服做好了，我穿着它向父亲拜谢，母亲询问情况后，便对我说："你两个哥哥还没穿新衣服，你怎么能先穿呢？况且凭首诗就能穿上好衣服，将置哥哥们于何地？"于是，我就把衣服脱了收起来，等家里又给哥哥们各做一件新衣服才拿出来穿。

我父亲从不管家里的钱，凡是买菜买柴，都是我母亲料理。银子称好后，还要额外加点。我问什么原因，母亲说："小商小贩做的都是小本儿生意，不可亏了人家。每次多加一厘，一年也不过多花五六钱银子。我就从其他地方省出来补上，对内自己家不受损，对外也不让别人吃亏，我这么做已经几十年了。你们一定要世代相传，不要改变。"

## 四子　袁表录

**遗书二万余卷，父临没，命检其重者，分赐侄辈，余悉收藏付余。母指遗书泣告曰："吾不及事汝祖，然见汝父博极群书，犹手不释卷，汝若受书而不能读，则为罪人矣！"予因取遗籍恣观之，虽不能尽解，而涉猎广记，则自蚤岁然矣。**

**吾母当吾父存日，宾客填门，应酬不暇，而吾不见其忙。及父没，衡门[1]悄然，形影相吊[2]，而吾不见其逸。**

**注释**

1 衡门：横木为门，指简陋的房屋。

2 形影相吊：孤身一人，只有和自己的影子相互慰问。形容无依无靠，非常孤单。吊，慰问。

**译文**

父亲留有两万多卷书，他临终时，吩咐把重要的书挑出来分送给侄辈，剩下的都交给我收藏保管。母亲指着这些书，流着泪对我说："我没能有机会侍奉你的祖父，然而见你父亲虽博览群书，总还手不释卷，你如果要了这些书而没有看，那就是罪人了！”于是，我就随意取书翻阅，虽然不能完全明白意思，然而涉猎广泛，从我小时候就这样了。

我父亲健在的时候，家里宾客盈门，母亲常常应酬不暇，而我却不见她忙乱。等父亲去世了，家里冷冷清清，母亲很是孤单，而我却不见她闲着。

## 五子　袁衮录

**潘用商与吾父友善，其子恕无子，余幼鞠[1]于其家。父没，母收回。告曰：“一家有一家气习，潘虽良善，其诗书礼义之习，不若吾家多矣。吾蚤收汝，随诸兄学习，或有可成。”**

**予随四兄夜诵，吾母必执女工相伴，或至夜分，吾二人寝，乃寝。四兄善夜坐，尝至四鼓[2]。余至更余辄睡，然善蚤起。四兄睡时母始睡，及吾起母又起矣，终夜不得安枕，鞠育之苦所不忍言。**

**遇四时佳节，吾母前数日造酒以祭，未祭不敢私尝一滴也。临祭，一牲一菜皆洁诚[3]专设，既祭，然后分而享之。尝语予曰：“汝父年七十，每祭未尝不哭，以不逮[4]养也。汝幼而无父，欲养无由，可不尽诚于祀典哉？”**

### 注释

1 鞠（jū）：养育。

2 四鼓：晚上一点至三点。

3 洁诚：态度真诚。

4 不逮：不足之处。

### 译文

潘用商和我父亲是好朋友，他的儿子潘恕无子，我小时候就寄养在他家里。父亲死后，母亲就把我接了回来。她告诉我：“一家有一家的风气，潘家人虽然善良，但在诗书礼义上，很多都不如我们家。我早些把你接过来，跟着诸位兄长学习，或许有所成就。”

我晚上跟着四哥读书，母亲必定会在旁边做针线活陪伴，有时一直到半夜，等我们两人睡了，她才休息。四哥喜好晚上静坐，有时坐到晚上两三点钟。我到十点左右就睡了，第二天起得早。四哥睡时母亲才开始睡，等我起床时母亲也起来了，整夜不得安眠。母亲养育我们所受的苦我不忍多说。

每逢佳节，母亲都要提前几天准备酒祭奠父亲，祭奠之前，从不敢私自尝一滴。祭奠的时候，所用的牺牲菜肴，都是精心准备的。祭奠完毕后，我们就分着吃了。她曾对我说："你父亲七十岁时，每次祭奠没有不哭的，他总觉得自己对父母的赡养有所不足。你年幼丧父，想赡养也没有机会了，祭奠时怎能不竭诚尽心呢？"

**二兄移居东墅，予与四兄从之学。家僮名阿多者送吾二人至馆，及归，见路旁蚕豆初熟，采之盈襭[1]。母见曰："农家待此以食，汝何得私取之？"命付米一升偿其直[2]。四兄闻而问母曰："娘虽付米，阿多必不偿人。"母曰："必如此，然后吾心始安。"**

**四兄补邑弟子[3]，母语余曰："汝兄弟二人，譬犹一体，兄读书有成，而弟不逮，岂惟弟有愧色？即兄之心，当亦歉然也。愿汝常念此，努力进修，读书未熟，虽倦不敢息；作文未工，虽钝不敢限；百倍加工[4]，何远不到。"**

**乙卯，四兄进浙场，文极工，本房取首卷。偶以《中庸》义太凌驾[5]，不得中式，后代巡行文给赏。母语余曰："文可中而不中，是谓之命。倘文犹未工，虽命非命也。尔勉之，第[6]勤修其在己者，得不得勿计也。"**

## 注释

1 襭（xié）：用衣襟兜起来。

2 直：价值，价钱。

3 邑弟子：秀才。

4 加工：此处指为改进文章而努力。

5 凌驾：超过。此处指写文章偏离了主题。

6 第：但。

## 译文

二哥搬到位于东郊的别墅居住，我和四哥就跟着他学习。家童阿多送我们两人到学馆，等回去的时候，他见到路旁蚕豆刚长熟，就摘了很多，用衣襟兜得满满的。母亲见到后就说："农民靠着这些蚕豆吃饭，你怎么能私自摘取呢？"就命他赔人家一升米。四哥听说了，就问母亲："娘虽然给了米，但阿多肯定不会赔人家。"母亲说："必须得这么做，然后我才能心安。"

四哥考中了秀才，母亲对我说："你们兄弟两人，好比是一体，哥哥读书有成，而弟弟有所不及，难道只有弟弟感到羞愧吗？就算是当哥哥的，心里也应感到惭愧。希望你能常常想着这点，努力学习，书读得不熟练，虽然疲倦也不敢休息；文章写得不精妙，即使很愚钝也不敢停止不前；花费百倍的精力去改进，再困难的事也能做到。"

乙卯年（1555），四哥赴浙江考场，文章写得极为精妙，所在考房列为第一。偶然因阐发《中庸》之义有些过头，而没有考中。所写文章，后来作为巡行文受到奖赏。母亲对我说："文章能够考中而没有中，这就是命。如果文章写得不好而没考中，虽然也是命，但其实并不完全是命运造成的。你要继续努力，但勤修苦练自己能把握住的，至于能否有得，不要去计较。"

**三兄蚤世，吾母哭之。哀告余曰："汝父原说其不寿，今果然。"因收七侄八侄教育之，如吾兄弟。幼时茹苦忍辛，盖无一日乐也。**

**余与二侄同入泮[1]，母曰："今日服衣巾，便是孔门弟子，纤毫有玷，便遗愧儒门。"以是余兢兢自守，不敢失坠。**

**四兄登科，报至吾母，了无喜色。但语予曰："汝祖汝父，读尽天下书，汝兄今始成名，汝辈更须努力。"**

## 注释

1 入泮：泮，水池。古代学官前有水池，故称学校为泮宫。因此，古时称学童入学为入泮。

## 译文

三哥英年早逝，母亲哭得很伤心，她对我说："你父亲原先说过他不会长寿，如今果然是这样。"于是她就收养了三哥的两个儿子，亲自抚养教育，就像对我们兄弟那样。孩子小的时候，母亲含辛茹苦，没有一天是快乐的。

我和二侄同时入学，母亲对我们说："你们今天换上儒门衣冠，就是孔夫子的学生了。品行有丝毫瑕疵，就会有愧于儒门。"因此，我一直谨慎小心地恪守操行，不敢有所废弛。

四哥考中进士后，捷报传来，母亲听了毫无喜色。只是对我说："你的祖父和父亲，读尽了天下的书，你哥哥到如今才成名，你可要多加努力啊。"

**吾祖怡杏翁，置房于亭桥西浒闲，父遗命授余。母告曰："房之西，王鸾之屋也。当时鸾初造楼，而邑丞倪玑严行火巷[1]之例，法应毁。汝父怜之，毁己之房以代彼。但就倪批一官帖，以明疆界而已。汝体父此意，则一切邻居皆当爱恤，皆当屈己伸人。尝记汝父有言：'君子为人，毋为人所容。宁人负我，我毋负人。'倘万分一为人所容，又万分一我或负人，岂惟有愧父兄，实亦惭负[2]天地，不可为人矣。"**

**注释**

1 火巷：房屋之间，为防止火势蔓延而预留的小巷。

2 惭负：惭愧辜负。

**译文**

我的祖父怡杏先生，曾在亭桥西浒闲购置了一处房屋，父亲弥留时吩咐留给我。母亲告诉我说："房子的西边，是王鸾家的屋子。当初他家刚建好楼房，正赶上县丞倪玑严厉执行防火巷的建设，按照规定，王鸾家的楼房应该拆除。你父亲怜悯他，于是就毁了自家的房子来替代。只是让倪公批了张公证帖，用以表明两家疆界而已。你要体会父亲的用意，一切都应该体恤邻居，委屈自己，方便他人。曾记得你父亲说过：'君子要做能宽容别人错误的人，不要做一个被别人宽容错误的人。宁可别人对不起我，我也不能对不起别人。'如果万一被别人宽容，或者万一我辜负了别人，岂只有愧于父兄，实在是惭愧辜负了天地，难以做人啊！"

**吾母暇则纺纱，日有常课[1]。吾妻陆氏，劝其少息。曰："古人有一日不作，一日不食之戒，我辈何人，可无事而食？"故行年八十，而服业不休。**

**远亲旧戚，每来相访，吾母必殷勤接纳。去则周[2]之。贫者必程[3]其所送之礼，加数倍相酬。远者给以舟行路费，委曲周济，惟恐不逮。有胡氏、徐氏二**

**姑，乃陶庄远亲，久已无服[4]，其来尤数[5]，待之尤厚，久留不厌也。**

**刘光浦先生尝语四兄及余曰："众人皆趋势，汝家独怜贫。吾与汝父相交四十余年，每遇佳节，则穷亲满座，此至美之风俗也！汝家后必有闻人，其在尔辈乎！"**

注释

1 常课：定额的任务。

2 周：接济。

3 程：估量，衡量。

4 无服：指五服（高祖父、曾祖父、祖父、父亲、自身）之外无服丧关系的远亲。

5 尤数：次数特别多。

译文

母亲有空就纺纱，每天都要纺够一定量。我妻子陆氏，劝她稍稍休息一下。她说："古人有一日不劳作，就一日不吃饭的训诫，我是什么人，能不干活就白吃饭吗？"因此，母亲到八十岁，还一直工作不休。

远房亲戚每次来拜访，母亲必定热情招待。临走的时候，母亲一定会接济他们。对贫穷的人，估量他们送的礼物，加几倍回赠。路途遥远的，还给他们车马费，用各种办法帮助他们，唯恐有不足之处。有胡氏、徐氏两位姑姑，是陶庄的远亲，早已出了五服的范畴，还来得次数特别多，母亲招待她们格外周到，她们待的时间就算很长，母亲也不厌烦。

刘光浦先生曾对我们四兄弟说："众人都趋炎附势，唯独你家可怜穷人。我和你们父亲交往了四十多年，每到过节，你家就满座的穷亲戚，这是至美的风俗啊！你们家今后必定会出有名望的人，我看就在你们兄弟之中吧！"

**九月将寒，四嫂欲买绵，为纯帛之服以御寒。母曰："不可。三斤绵用银一两五钱，莫若止以银五钱买绵一斤，汝夫及汝冬衣，皆以枲为骨[1]，以绵覆之，足以御冬。余银一两，买旧碎之衣，浣濯补缀，便可给贫者数人之用。恤穷济众，是第一件好事。恨无力，不能广施，但随事节省，尽可行仁。"**

**母平日念佛，行住坐卧，皆不辍。问其故曰："吾以收心也。尝闻汝父有言：人心如火，火必丽[2]木，心必丽事，故曰'必有事焉'。一提佛号，万妄俱**

**息，终日持之，终日心常敛也。”**

**注释**

1 以枲（xǐ）为骨：以麻为棉衣的芯。

2 丽：烧毁，破坏。

**译文**

九月天快冷了。四嫂想买些绵丝做衣服御寒。母亲说：“这样不妥。三斤绵丝要花一两五钱银子，不如只用五钱买一斤绵丝，你和丈夫的冬衣可以用麻丝做芯，再用绵丝包裹，也足以过冬。剩下的一两银子，可以买些旧布，洗洗补补，就能送给好几个穷人用。救济穷人，帮助大众，是头等好事。我只恨自己力量太小，不能大规模布施，只要随事节省开支，都可以做善事。”

母亲平日念诵佛号，行住坐卧都不停下。问她什么原因，她说：“我是借此收心。曾听你父亲说：人心像火一样，火会燃烧木头，而心火则能扰乱人事，所以孟子才说‘心里要时常装着仁义’。一提起佛号，各种妄想就都消失了，整日持诵，整日心念就常得到收敛。”

# 附录二

# 朱子家训

# 朱子家训

## 导读

《朱子家训》，又名《朱子治家格言》，是明末思想家、教育家朱用纯撰写的一篇家训。朱用纯（1627—1698），字致一，号柏庐，昆山（今江苏昆山）人。朱柏庐成长于明清易代之际，父亲朱集璜在清顺治二年（1645）守昆山县城抵御清军，城破后投河自尽。明朝灭亡后，朱柏庐隐居乡间教授生徒，潜心研究程朱理学，多次拒绝清政府的征召，显示了崇高的气节。

儒者以"治国平天下"为己任，然而国破家亡的惨痛经历，使朱柏庐不得不放弃科举做官。因此，《朱子家训》一文主要是劝后人要安于平淡，在平凡的日常生活中努力磨炼自己的品行。《朱子家训》因其篇幅短小，文字精练，语句通俗易懂，内容丰富，自问世后，就深受广大民众的喜爱。

《朱子家训》提倡"勤劳""简朴""孝悌""谦让""克己""明辨""感恩"……可谓集儒家做人处世方法之大成。其文辞多用对偶，读起来朗朗上口，易于记诵，故而为人们津津乐道，流传广泛。在清代，该书甚至一度成为儿童的启蒙读物。在笔者看来，《朱子家训》在当今社会仍有其价值，主要体现在三个方面：

一、戒奢。在消费主义横行的当下，人们纷纷标榜"生活质量"，很多年轻人不惜透支信用额度来满足自己的消费欲望，结果负债累累，最终酿成惨剧。殊不知，物质终究是为人服务，只要能满足需求，简约的生活同样可以过得舒适。就像文中所说："器具质而洁，瓦缶胜金玉。饮食约而精，园蔬逾珍馐。"

二、谦让。市场经济鼓励竞争，无可厚非，然而，世人为追名逐利，往往不择手段，谄媚权贵，欺压贫贱之事并不鲜见。不正当的竞争行为一旦被曝光，当事人通常身败名裂。希望人们能牢记朱柏庐先生"见富贵而生谄容者，最可耻。遇贫穷而作骄态者，贱莫甚"的劝诫，勿骄勿卑，忠厚做人。

三、感恩。人如果以自我为中心，就会看不清事物的全貌，往往会责怪他人。因此，我们遇事要"忍耐三思"，切莫自以为是，应多想想别人对我们的帮助，努力做到"施惠毋念，受恩莫忘"。

**黎明[1]即起，洒扫庭除[2]，要内外整洁。既昏[3]便息[4]，关锁门户，必亲自检点[5]。一粥一饭，当思来处不易。半丝半缕[6]，恒念物力维艰[7]。**

注释

1 黎明：天快亮的时候。

2 庭除：庭，庭院；除，台阶。此处泛指厅堂院落。

3 昏：黄昏，天刚黑的时候。

4 息：休息。

5 检点：检查清点。

6 缕：线。

7 物力维艰：此处指制作物品付出的艰辛。

译文

天快亮的时候，就应该起床，洒水扫地，清理厅堂院落，里里外外都要保持干净整洁。到了黄昏，就要及早休息，务必要亲自检查门窗是否关好锁紧。对于每一碗粥、每一餐饭，都应该想着来之不易。就算是半根丝、半条线，也要常常想着人们生产时付出的艰辛。

**宜未雨而绸缪[1]，毋临渴而掘井。自奉[2]必须俭约[3]，宴客切勿流连[4]。器具质[5]而洁，瓦缶[6]胜金玉。饮食约[7]而精，园蔬逾珍馐[8]。勿营华屋[9]，勿谋[10]良田。**

注释

1 未雨而绸缪（chóu móu）：趁天还没下雨，事先修缮房屋。比喻提前做好准备，以防意外。

2 自奉：自身日常生活的供养、享用。

3 俭约：节省，不浪费。

4 流连：留恋不愿离开。此处指举办宴会时，饮酒流连忘返。

5 质：朴素。

6 瓦缶：小口大腹的瓦器。此处指粗瓷做的餐具。

7 约：俭省。

8 逾珍馐：胜过珍馐美味。珍馐，珍奇名贵的食物。

9 华屋：华美的房屋。
10 谋：谋求。此处引申为贪图。

**译文**

凡事应该提前做好准备，不要等口渴了才去挖井。自身生活上的享用，必须要节省，宴请宾客时切莫贪杯流连。所用的餐具，只要质朴而清洁，那么粗瓷也比金玉好。饮食要俭省而精致，即使是园里的蔬菜，也胜过山珍海味。不要营造华美的房屋，不要贪图肥沃的农田。

**三姑六婆[1]，实淫盗之媒[2]。婢美妾娇[3]，非闺房[4]之福。奴仆勿用俊美，妻妾切忌艳妆[5]。祖宗虽远，祭祀不可不诚。子孙虽愚，经书[6]不可不读。居身[7]务期[8]质朴，教子要有义方[9]。勿贪意外之财，勿饮过量之酒。**

**注释**

1 三姑：道姑、尼姑、卦姑。六婆：牙婆、媒婆、师婆、虔婆、药婆、稳婆。“三姑六婆”泛指从事各种市井行当的妇女。
2 媒：媒介。
3 娇：娇嫩。
4 闺房：女子的卧室。此处代指家庭。
5 艳妆：艳丽的装扮。
6 经书：指儒家经典。
7 居身：立身处世。
8 务期：一定要。
9 义方：行事应该遵守的规则。

**译文**

市井中的各色妇女，实为淫邪、盗窃的媒介。家里的婢女年轻貌美，侍妾娇嫩婀娜，对家庭而言绝非好事。奴仆不要用英俊貌美的，妻妾也不能有艳丽的装扮。祖宗虽然时隔久远，祭祀的时候，内心不可不保持虔诚。子孙虽然愚钝，但儒家经典，不可不教他们诵读。立身处世，一定要简单朴素，教育子弟，必须要遵循正道。切忌贪图意外之财，也不要过量饮酒。

**与肩挑[1]贸易，毋占便宜。见贫苦亲邻，须加温恤[2]。刻薄成家[3]，理无久享。伦常乖舛[4]，立见消亡。兄弟叔侄，须分多润寡[5]。长幼内外，宜法肃辞严[6]。听妇言，乖[7]骨肉，岂是丈夫？重资财，薄父母，不成人子。嫁女择佳婿，毋索重聘[8]。娶媳求淑女[9]，勿计厚奁[10]。**

注释

1 肩挑：挑担子的小商贩。

2 温恤：体贴抚慰。

3 成家：此处指持家。

4 乖舛（chuǎn）：荒谬，错乱。

5 分多润寡：指一家之中，富有的要资助贫穷的。

6 法肃辞严：规矩严正，讲话庄重。

7 乖：背离。

8 重聘：丰厚的聘礼。

9 淑女：温和善良的女子。

10 厚奁（lián）：丰厚的嫁妆。奁，古代妇女梳妆用的镜匣。代指嫁妆。

译文

和挑着担子的小商贩交易，不要占人家便宜。见到穷苦的亲戚和邻居，要对他们体贴抚慰。持家刻薄，没有长久享用的道理。悖乱伦常的家族，很快就会消亡。兄弟叔侄之间，富裕的应该帮助贫困的。长幼内外之间，应该规矩严正，讲话庄重。听信妇人的话，导致骨肉兄弟不和睦，哪里是大丈夫所为？看重钱财而薄待父母，不是当儿子该做的事。嫁女儿应选择品行端正的女婿，不可索要丰厚的聘礼。娶媳妇应寻求温柔善良的女子，不要贪图丰厚的嫁妆。

**见富贵而生谄容[1]者，最可耻。遇贫穷而作骄态[2]者，贱莫甚。居家戒争讼[3]，讼则终凶。处世戒多言，言多必失。毋恃[4]势力而凌逼[5]孤寡，勿贪口腹而恣[6]杀生禽。乖僻[7]自是，悔误必多。颓惰[8]自甘，家道[9]难成。**

注释

1 谄（chǎn）容：谄媚的表情。

2 骄态：骄傲的神态。

3 争讼：因争论而引起的诉讼。
4 恃：依仗，凭借。
5 凌逼：欺凌逼迫。
6 恣：放纵，随意。
7 乖僻：性情乖张偏执。
8 颓惰：懒惰颓废。
9 家道：家境，家里的生计。

译文

看见富贵的人就露出谄媚的表情，最为可耻。遇到贫穷的人而显出骄傲的神态，再卑贱不过。居家过日子要禁止争论诉讼，诉讼最终会导致祸患。为人处世不可多说话，话讲多了必有失当之处。不可仗势欺凌逼迫孤寡，不可因贪图口腹之欲而随意宰杀家畜家禽。性情乖张偏执，喜欢自以为是的人，必定会常感悔恨。自甘懒惰颓废的人，难以维持家里的生计。

**狎昵[1]恶少，久必受其累。屈志老成[2]，急则可相依。轻听[3]发言，安知非人之谮诉[4]？当忍耐三思。因事相争，安知非我之不是？须平心暗想[5]。施惠[6]毋念，受恩莫忘。凡事当留余地，得意不宜再往。**

注释

1 狎昵：过于亲近而态度轻佻。
2 屈志：此处指恭敬自谦，虚心请教。老成：阅历丰富、成熟稳重的人。
3 轻听：此处指不要轻易听信别人的言论。
4 谮（zèn）诉：诋毁攻击。
5 暗想：此处指在心里斟酌思量。
6 惠：好处，恩惠。

译文

举止轻佻，亲近不良少年，时间长了必定受连累。恭敬自谦，向成熟稳重的人虚心请教，遇到急难时可相互依靠。不要轻易听信别人说的话，怎么知道他不是诋毁攻击别人呢？应当保持忍耐，多加思考。因为一件事情相互争执，怎么知道不是我的错呢？需要平心静气，在心里好好斟酌思量。给予别人好处不要记在心上，接受他人恩惠不要遗忘。无论做什么事，都要留有余地，志得意满不宜再向前进。

**人有喜庆，不可生妒忌心。人有祸患，不可生喜幸心。善欲人见，不是真善；恶恐人知，便是大恶。见色而起淫心，报在妻女。匿怨[1]而用暗箭，祸延子孙。家门和顺，虽饔飧[2]不继，亦有余欢。国课[3]早完，即囊橐[4]无余，自得至乐。读书志在圣贤，为官心存君国。守分[5]安命，顺时听天。为人若此，庶乎近焉。**

## 注释

1 匿怨：对人怀恨在心而不表现出来。

2 饔飧（yōng sūn）：早饭和晚饭。

3 国课：国家征收的赋税。

4 囊橐（náng tuó）：袋子。

5 守分：遵守本分。

## 译文

他人有了喜庆的事，不可心生嫉妒。别人有了祸患，不可生起幸灾乐祸之心。做好事想让别人看见，不是真善；做坏事恐怕别人知道，就是大恶。见到美色就生起淫欲，报应会在妻子、女儿身上。对人怀恨在心而暗箭伤人，灾祸会延及子孙。家庭内能保持和顺，虽然吃不上饭，但也觉得很快乐。国家的赋税及早缴纳完毕，即使粮袋空空，也会自得其乐。读书要立志成为圣贤，做官要心里装着君主和国家。人应该遵守本分，安于命运，顺应时节，听从天命。做人若能这样，就差不多与道相近了。